魅力OL情景剧场

office lady
personal
finance
advisory

小女人淘金记

玛雅 著

山东美术出版社

Perface

女人理财有多难？！

我的好几位美女朋友都曾跟我抱怨,女人真的跟数字无缘,看到密密麻麻的账本和数据就头疼,索性就糊里糊涂地过日子,可是一到年底,算算一年的存款,看看银行卡上所剩无几的数字,真是欲哭无泪。"钱都到哪里去了?""我的工资白领啦!"可是即使如此,到了第二年还是照样两眼一抹黑地进账、支出。

女人到底应该怎么理财?其实现在理财的方式有很多,储蓄、投资、股票、基金……不需要样样精通,只要懂得其中的一种方式,可能就能给你指出一条明路了。基于这个理由,我写了这本书,想跟女性朋友一起讨论"理财"的问题,用对话的形式,用我们身边经常发生的例子来讨论理财,我想应该起码能比教科书简单易懂点吧。

希望这本书中的内容,在理财的过程中能被大家所借鉴,更希望能传达给大家一种观念,只要有心,理财真的并不难。

玛雅

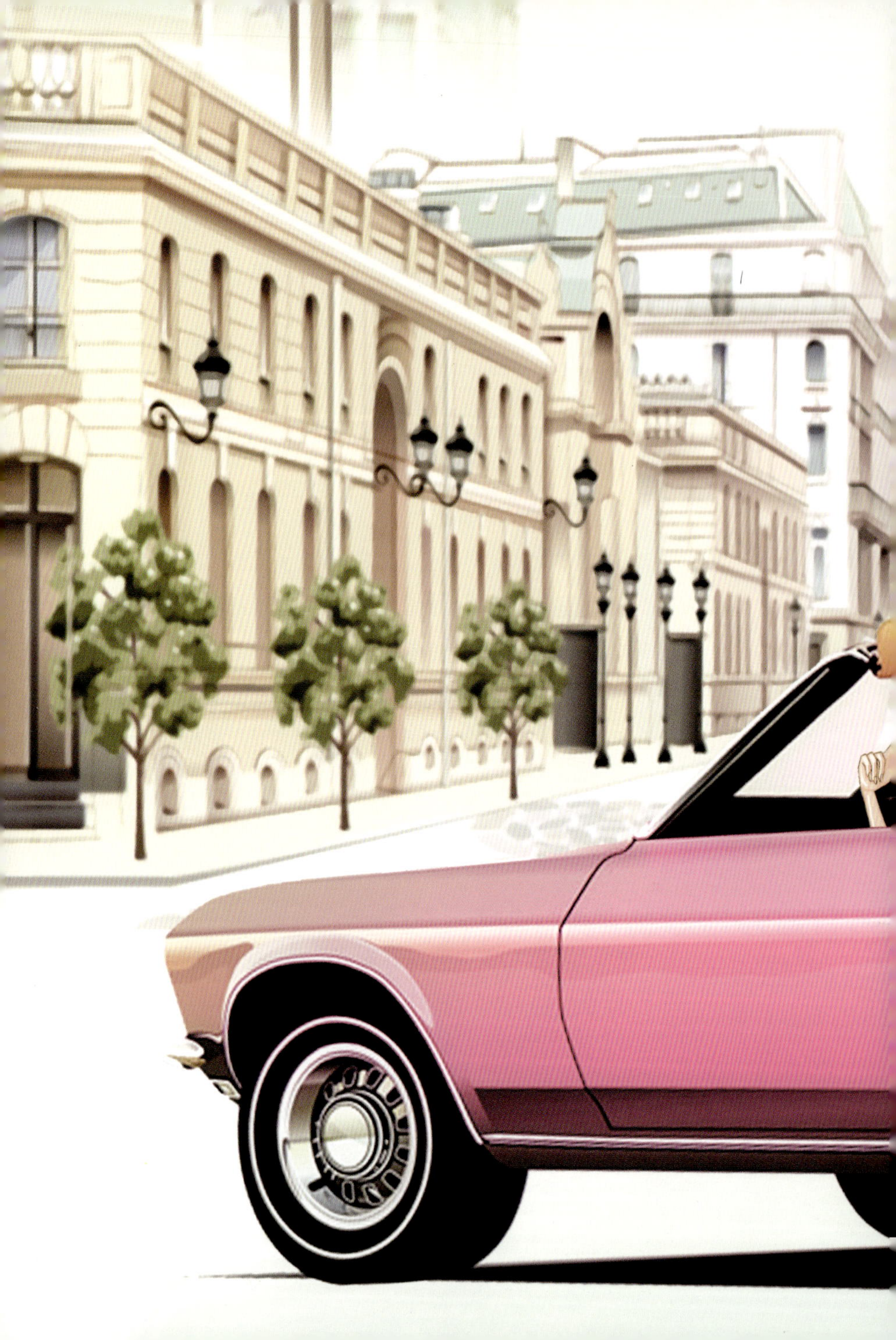

生财事业部
OL 档案簿

Individual archives

Lynn

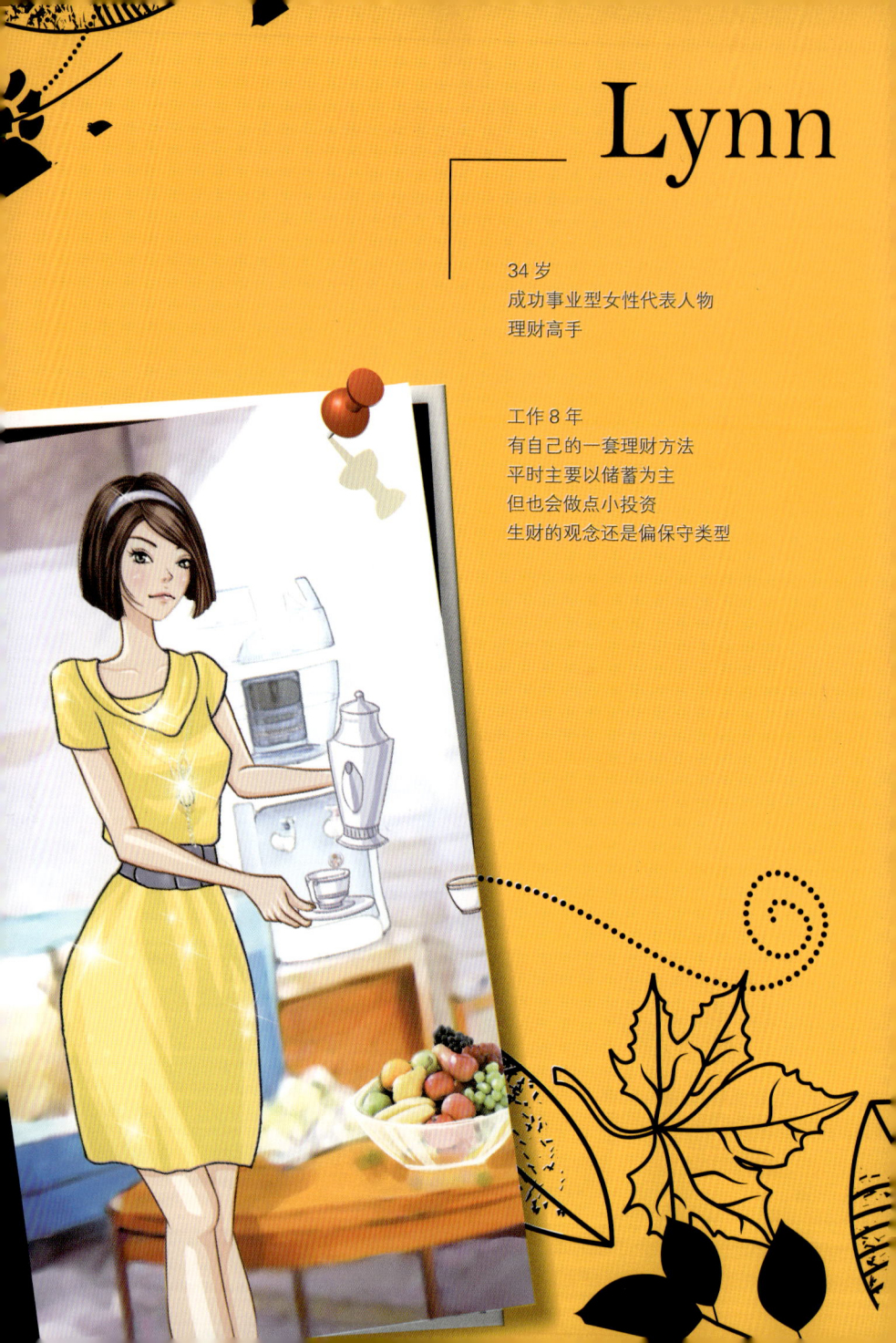

34 岁
成功事业型女性代表人物
理财高手

工作 8 年
有自己的一套理财方法
平时主要以储蓄为主
但也会做点小投资
生财的观念还是偏保守类型

Saron

30 岁
标准办公室"白骨精"代表人物
信用卡苦手

工作 5 年
婚后对理财开始注重起来
致力于股票、基金的生财之道
理财的想法比较多
实施起来却很困难
对信用卡极其不信任

Mavis

28 岁
花花世界夜店女王代表人物
月光公主

工作 3 年
月光族的代表人物
新新人类没有理财的概念
对每月信用卡账单如临大敌
在同事的督促下
开始有了好好理财的想法

Iris

25 岁
80 后迷糊宅女代表人物
网店店主

实习期
虽然年纪小却很现实
从小养成记账的习惯
业余时间经营网店
精通生小财的各种门路

Contents

014　Part One 信用卡=财务鸦片？！NO!

016　信用卡时代的美丽诱惑
026　彪悍的Credit Card Slave生活
042　我离卡神不太远

054　Part Two 工资那么高，存款那么少

056　工资卡的催醒计划
068　合理储蓄，八方来支招
086　债券，坐享固定收益的投资项目？！

092　Part Three 谁才是当之无愧的平民敛财女王？

094　听妈妈的话，记账回到小时候
109　我到底有多少钱

118　Part Four 好风借力入青云之爱"基"有道

120　人人都爱买基金
139　知己知彼，百战不殆

162　Part Five 从今天开始，让月光公主成为过去式

164　月光已过时，NONO正当道
173　量入为出，月光族的脱胎换骨
185　我们的"开源"计划

202　Part Six 当男人不再可靠，吃透社保才是正经事！

204　每个月交金，到底交在谁头上？
209　老了，谁来养我们？
218　失业了，谁来救救我？

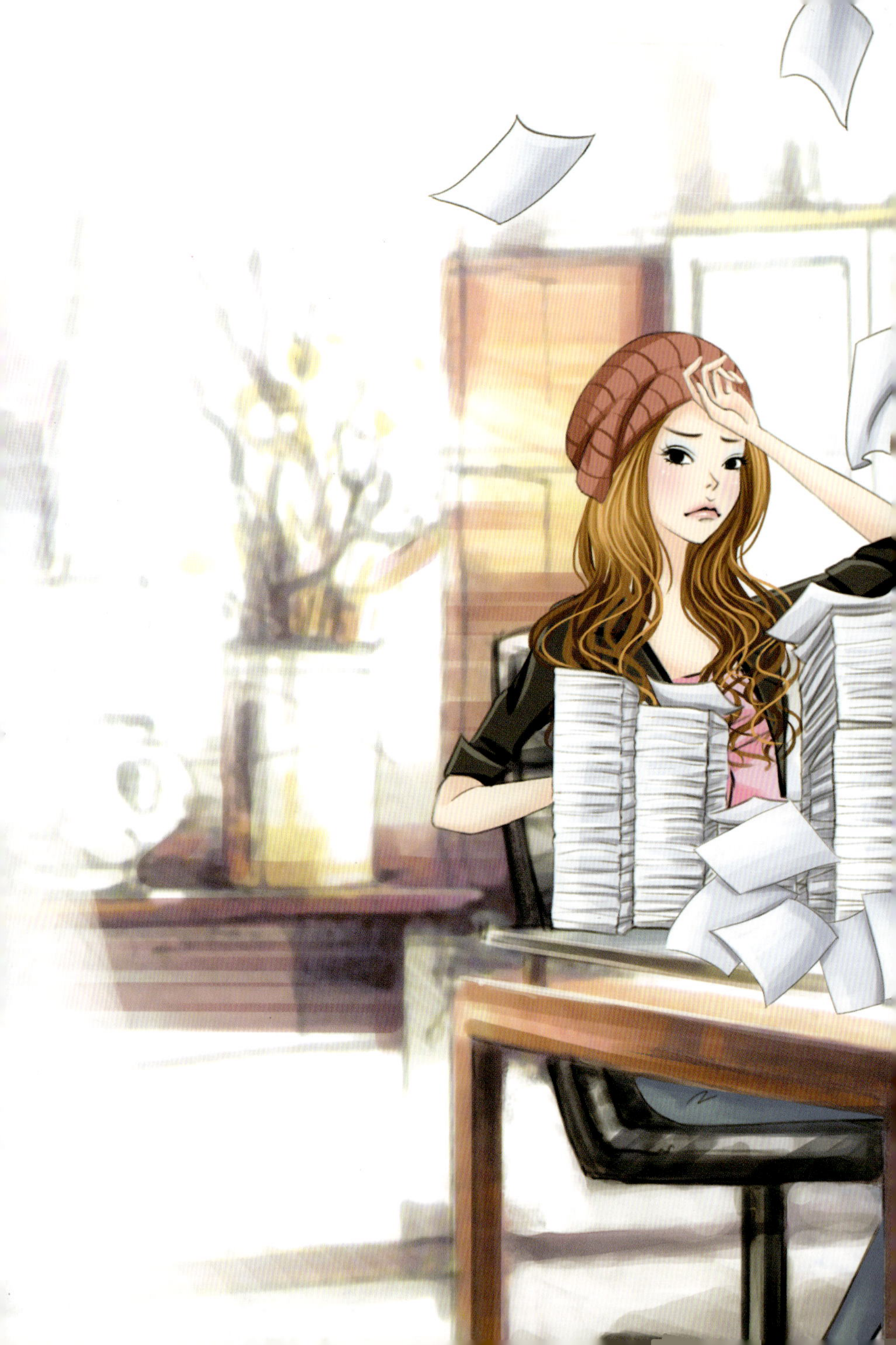

■ 信用卡=财务鸦片？！NO！

Part One

credit card times

信用卡时代 的美丽诱惑

月底，通信费、水电费、保险费各类代缴费用的账单像雪花一样纷纷涌到了桌子上。Saron傻眼了，她最近的工作很忙，像个陀螺一样团团转，每天都是跨一踏进家门就倒在沙发上呼呼大睡，哪里来的什么空闲时间去缴这些乱七八糟的费用啊！

为了这事，她在办公室里唉声叹气地抱怨了一下午。

Mavis听到了以后打开皮包，变魔术一样地撒开一大摞卡片，在Saron的眼前晃了晃，轻笑道："亲爱的Saron，你还在为缴费而奔波吗？你还在为看上一件心爱的商品，但因为没到发工资的日子囊中暂时羞涩无力购买而郁闷吗？你还在为身上携带大量现金感到安全堪忧吗？你还在为付钱时收到假钱而痛苦吗？你还在把宝贵的时间浪费在银行排队上吗？"

credit card

初识信用卡

信用卡是商业银行向个人和单位发行的,凭以向特约单位购物、消费和向银行存取现金,具有消费信用的特制载体卡片,其形式是一张正面印有发卡银行名称、有效期、号码、持卡人姓名等内容,背面有磁条、签名条的卡片。

YOUR BANK — 发卡银行名称

1234 5678 9000 1234 — 信用卡号码

NAME SURNAME

VALID FIRST DAY OF TO LAST DAY OF
11/06-10/09 — 信用卡有效期

Mavis眨了眨眼睛继续演:"你想看电影的时候享受最低廉票价的优惠吗?你想网络购物时方便快捷吗?你想在商场血拼时享受积分兑换汽车或者液晶电视的乐趣吗?你想在美容美发购物甚至饮食的时候获得低廉的折扣吗?你想享受特价的航空里程票吗……ORZ,请去银行申领一张信用卡!"

磁条

签名条   安全码

刷卡换积分种类多

一直以来，作为银行推销信用卡最主要的王牌招数之一，信用卡积分换好礼的活动都为广大持卡人所推崇。从水杯、饭盒、毛巾等生活用品到笔记本、液晶电脑、摄像机等大宗家电，礼品的种类之多，几乎涵盖了我们生活中的方方面面。家里缺个微波炉？别急着掏钱，用平常消费时攒下的积分去换就行。准备买机票？也可以用平日里累积的积分兑换里程。是的，随着银行业务的深入，这些积分简直可以当钱一样使用！

除此之外，随着信用卡目标市场与目标客户的细分，各大银行纷纷推出了具有针对性服务的特色卡，这些卡片涉及到餐饮、服装店、美容院、医院、车行甚至加油站等诸多方面，消费者只要根据所处的消费场所选择对应的信用卡进行支付，便能享受到特殊的优惠！面对这些来势汹汹、不占白不占的便宜，你还能抵抗得住诱惑吗？

餐饮 　　医院 　　酒吧

车行 　　美容院 　　咖啡店

拜银行铺天盖地的宣传所赐，Saron对信用卡并不陌生。不过，由于她本人一直都是理性消费的身体力行者，所以，在过去很长的一段时间内，她都对信用卡抱着强烈的排斥态度。当周围人的钱包里都或多或少地揣着几张精致的信用卡时，她仍然使用传统的纸币支付方式。也因此，公司里以Mavis为首的几个信用卡达人常取笑她是"文明社会里的最后一朵奇葩"。

Mavis常常向她宣传使用信用卡的若干好处，若是平时，Saron都是一笑了之。而今日，她的脑海里却突然浮现了几天前和朋友去超市时的情景：

收银台前，朋友芊芊素手掏出一张薄薄的卡片，收银员立刻双眼放光，殷勤地递过笔给朋友签名。完后，用最甜美的笑容和声音欢迎朋友下次再来光顾。反观她这边，整个付钱的过程漫长又辛苦，而且还很尴尬，超市收银员X射线一样的眼光在她和她的钱上面来回扫视了无数遍之后，才慢腾腾地把零钱找给她，结尾时，也只是懒洋洋地说了句"您慢走"就了事。

同样是花钱买东西，为什么持卡人就要比持现金的人待遇更好，更受商家的欢迎？

信用卡便利多

使用信用卡最大的好处在于透支消费的同时，享有一定期限的免息期。同时，信用卡的安全性比现金高得多，外出身上携带大量现金时，你会担心被盗；携带信用卡却完全没有这个烦恼。因为几乎没有小偷会偷信用卡！另外，你也不用面临现金付款时可能会遇到的收到假币、残币等问题，使用方便快捷，"轻轻一刷，一卡走天下"！

Saron的心底有个声音在忿忿不平地抱怨，潜意识里，她甚至觉得自己的自尊受到了很大的伤害！她犹豫着说："其实我一直都想办一张信用卡，就是老觉得受不了它那种超前的消费理念。"

Mavis不以为然："有什么受不了的！你就把它当成家里的固定电话用好了！"

"固定电话？"办公室里的其他几人异口同声地问道。

Mavis得意一笑，掰着指头如数家珍："信用卡先消费后还款，固定电话是七月份打的单子，八月份再去缴；信用卡不鼓励存现金，固定电话也没法先缴一个月的电话费给电话局；信用卡享有的免息期，就跟你收到账单可以过一阵子再去交钱没什么两样！"

Lynn紧跟着补充："信用卡有最低还款额，固定电话可没有！信用卡可以分期付款，固定电话可不行！"

"对了，"Mavis补充道，"办信用卡还有一个重要的用途就是，可以积累个人在银行的信誉，以后遇到买房、买车、创业这些事情需要向银行贷款的时候，会比那些在银行没有留下任何信用记录的人更加容易！"

用最通俗的语言 来描述信用卡

当你想要购物或者消费，却又因囊中羞涩或者其他某些原因造成支付能力暂时匮缺时，同时，你也不愿意向亲朋好友开口，那么，你可以向银行借钱。银行根据你的诚信状况给了你一张借钱的凭证，这张凭证不仅能记录你的个人资料和消费明细，还会在每个月的特定时间以单据的形式告诉你，以及你向银行借了多少钱，什么时候还清可以免息等等，让你对自己的财务状况了如指掌。

个人信用报告很重要

　　从你在银行办理人生中的第一笔金融业务起，银行便会将你的基本信息纳入人民银行的个人征信系统。你在哪家银行贷了多少款，办过几张信用卡、每张卡的信用额度是多少，在商店里赊购了多少商品，享受多少种先消费后付款的服务，以及是否按照合同规定按时、足额地还了款，个人是否偷税欠税、涉及到的民事经济案件等等方面都会作为基本信息录入你的个人信用报告里。并且，这份报告将作为你个人的"信用身份证"，影响到你生活的方方面面：向银行借贷、办理信用卡、股指期货开户、护照、签证审查，甚至求职发展等等都离不开这张身份证。因此，像累计财富一样累计你的信用已是刻不容缓！具体应该如何做呢？

　　申请并使用信用卡无疑是最直接最快捷，也是最有效的方式。当你进行持卡消费时，不仅能够享受到发卡机构提供的免息期还款、积分换礼品等诸多优惠措施，而且只要你使用的方式合理，就能逐步为自己累积下良好的信用记录，为今后的信贷行为打下坚实的基础。记住，在信用经济时代，拥有良好的信用资质就意味着你能够更容易、最大限度地获得银行的资金帮助，从而解决资金周转困难的问题。

Personal credit report

"Saron,"Lynn突然问道,"现在的银行汇款都要收手续费,你老公在外地工作,每个月汇工资给你,光累积下来的手续费都是一笔不小的费用吧!"

Saron没想到Lynn会突然说这个,愣了几秒,她无奈地点头道:"手续费费率一般都在0.5~1%之间吧。他每个月汇1万元给我,虽说有最高封顶,一年下来也是很大一笔数目呢!"

Mavis打了一个响指,抢先道:"哈哈,这个我也知道。有些信用卡是带有异地汇款免收手续费的功能的,像你这样经常需要汇款的人,就可以巧妙地利用信用卡的这一优势,为自己节省下一笔零花钱啊!"

异地汇款信用卡更合算

现金、借记卡或者存折异地汇款,银行一般都要收取千分之五的手续费,最高封顶50元,对于经常要异地汇款的家庭来说,巧妙利用信用卡"全国各地存款、汇款免手续费"的功能,能为自己省下不少"银子"。有些人因工作原因经常出差,携带现金恐不安全,存入储蓄卡又要付给银行一笔不菲的手续费,这时,你可以事先将钱存入信用卡。无论你走到中国境内的任何地方,只要在POS机上刷卡消费,就完全免手续费。

彪悍的 Credit Card Slave 生活

　　Mavis这两天常常唉声叹气，一脸痛不欲生的表情。又是一月一度还款日，雪花般的账单一张接一张，应接不暇；心跳加速，瞳孔放大等亚健康生理反应一个接一个，没完没了。

　　这天下午，不堪重负的Mavis终于爆发了。她一把推开桌子上的所有东西，歇斯底里地在办公室里干嚎道："恨死信用卡账单啦！"

　　Saron着实被吓得不清，一边抚胸一边抱怨。Iris可不像Saron那么温柔，她大声喝道："Mavis，你发什么神经？！"

　　Lynn是三人中最沉得住气的一个，等众人说完了，她才开口："别理她，她这是卡奴综合症爆发了！"她一边优雅地搅着杯中的咖啡，一边慢条斯理地闲话家常，"早就提醒过她，信用卡有刺，使用须谨慎！她偏不信。非得成了卡奴，她心里才爽！真是不听老人言，活该倒大霉啊！"

谁是卡奴

卡奴是指因盲目消费,导致信用卡透支,却无力偿还欠款,只能以首期缴纳部分金额,之后通过办理多张信用卡的方式,不断地靠"以卡养卡,以债养债"的方法来偿还高额的利息钱,最终在恶性循环中沦为信用卡的奴隶的那部分持卡人。

Saron大吃一惊，着急地向Mavis求证："Lynn说的……不会是真的吧？"

Mavis眼神闪烁，难过地低下了头。

Iris咬着指尖，一脸八卦相："Oh, My God！Mavis, 快说说你是怎么变成卡奴的！"

经不起众人的拷问，Mavis用沉重的语调缓缓道出了她的"卡奴长成史"。

最开始的时候，Mavis其实也只有一张信用卡的。可是，结账时大笔一挥的潇洒动作、超前消费产生的快感，和来自四面八方的艳羡目光极大地满足了她的虚荣心。渐渐地，她便刷上了瘾，消费习惯开始改变，平时血拼、吃饭聚会甚至应急的时候必须取现，都想到信用卡，出手的时候要多利索就有多利索。

credit card

杀人信用卡！！

　　日本作家宫部美雪在自己的《杀人信用卡》一书中，曾以无比悲凉的文字指出：信用卡是一列诱人搭乘的列车，旅客陆续上车，却不知道何时能够下车，直至驶向地狱。她认为，信用卡在给人们的生活带来便利的同时，也给部分空有梦想却希望轻松达成的人设下陷阱，并且，这个陷阱杀人于无形！

　　为什么要这样说呢？信用卡引诱人们过量消费。卡一扬，笔一勾，潇洒一刷，平常只能远远地看的东西轻轻松松地就占为己有。没有货币的直观效应，持卡人很少会考虑这笔钱该不该花，花了能否偿还得起等因素，久而久之便会造成财务危机，更有甚者直接沦为"卡奴"。更可怕的是，即使你还清了债务，盲目消费的习惯也像毒瘾一样，难以戒掉。

slave

万不得已不可取现

虽然取现也是信用卡最基本的功能之一,但是,若非万不得已,请不要使用这个功能,因为利用信用卡取现一般需要付出极高的代价。

每个银行对于取现的规定都不一样,唯一相同的是整个行业内都采用"计息+手续费"的模式。通常情况下,你只能提取银行所授信用额度的30%左右的现金,并且,这笔钱没有免息还款期,也就是说,从你预借现金的那天起,利息的磨轮就开始转动起来了:日利万分之五,按月计复利。什么意思呢?打个比方说,你使用信用卡取现500元,一个月下来,应付的利息为7.50元,可是,如果你一个月没有还,那么从下个月起,你应付的利息将变为7.6125元。倘若你仍然不还,再下一个月将变为7.7266875元,并以此类推下去。

其次,银行还将一次性向你收取提现金额3%以上的手续费。通常这笔手续费都设定了最低门槛,从10元到50元不等,换句话说,哪怕你只取100块钱,也要付至少10块钱的手续费。

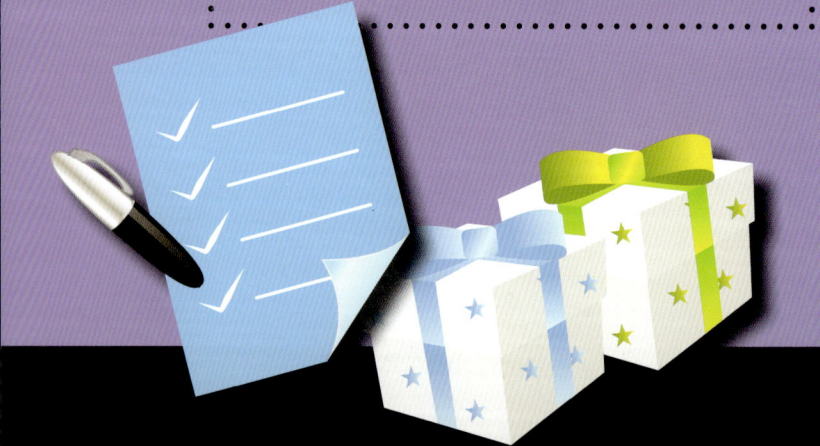

important

第一个月：
500×0.0005(每日利息)×30(天数)=7.50元

第二个月：
（500+7.5(第一个月利息)）×0.0005(每日利息)×30(天数)=7.6125元

第三个月：
（500+7.5(第一个月利息)+7.6125(第二个月利息)）×0.0005×30=7.7266875元

……以此类推

anxiety

"工作了以后，越来越多的衣服要添置，越来越多的应酬，越来越多的开销，渐渐地一张信用卡已经满足不了我了。"Mavis继续扮演"案件聚焦"中的受害者形象，可是这次的受害者和加害者却是一个人。

"朋友就告诉我，可以申请另一家银行的信用卡来还清第一张信用卡的钱，这样相互调剂，可以暂时缓和一下不能还清借款的问题。"

"然后就第二张、第三张、第四张，这样卡套卡连环套了吧？"Iris斜眼看她。

"典型的循环透支！"Saron一副烂泥扶不上墙的表情。

"现在就变成这样，每个月都要为当时疯狂的消费行为偿还高额利息。每个月信用卡'大限'到来，我就想扮鸵鸟把脑袋埋在沙砾里面。"Mavis悔不当初。

"不还清的话，会在银行留下不良记录，而且利息越来越高，看着数字每天往上翻，很可怕吧？"Lynn安慰道。

"心慌气短，夜不成寐啊！"Mavis痛苦万分。

卡奴焦虑症

上有巨额债务压顶，催债的电话、账单一个接一个，一张接一张，卡奴们在透支所带来的强烈的负罪感之下，内心时常陷入紧张、焦急、忧虑、担心、恐慌等复杂情绪之中，对未来彷徨不定，总是感觉最坏的事即将发生，食欲不佳，坐卧不宁，注意力难以集中，容易疲劳，长久下来，必然导致内分泌功能失调，免疫力下降，身体呈现亚健康态势。更有甚者，还会出现焦虑不安、抑郁症、精神障碍等心理问题和疾病。

never

  Mavis耷拉着脑袋，没精打采道："刷卡的时候不用付现金，就给我一种错觉，好像买东西消费不要钱一样！"

  "刷卡时神采飞扬，还账时灰头土脸。"Iris啧啧叹道，"可怜的Mavis，自此彻底沦为卡奴矣！"

  "哼，都是信用卡在诱惑我！"霍的从办公椅上立起，Mavis恶狠狠地将手中的钱包摔在地上，唾道，"都怪它！"

  Saron摇摇头，俯身将Mavis的钱包捡起。拉开拉链，各式信用卡争先恐后地涌了出来，约莫有七八张的样子。她无奈地说："Mavis，你成功地令我想起了现在网络上好玩的一个段子——'想要一个人堕落吗？就给他多办几张信用卡吧'。"

  Mavis欲哭无泪，有气无力道："都这个时候了，你还在笑话我。是姐妹的话，就帮我想想怎么翻身吧。"

  Lynn收起笑，作严肃状："Mavis的当务之急是，尽快统计一下自己现在的债务状况，然后想办法一次性还清银行债务。比如可以向家人或者朋友借，再不济还可以通过抵押房子或者汽车来获得银行贷款……不管用哪种，至少都比年利率高达18%的信用卡好多了。"

"第二件事情是整理手上的信用卡，选出那些躺在你钱包里快要进入冬眠的卡，还有不经常用的卡，作为'清理'对象，其实个人而言，只要留下一两张信用卡就足够用了，日常生活方便不就行了嘛！"Lynn继续说，"这样做首先可以把一团乱麻的财务状况理清楚了，而且取消的卡那些乱七八糟的年费啊、利息啊都可以省去了。"

借低还高，不做卡奴！

信用卡的循环年利息高达18%，这已经接近房贷年利率的3倍。所以，持卡人行走江湖时一定要记住一个规则"欠谁的，也不逾期欠信用卡的"！

倘若你之前已经欠了信用卡的，那么，迅速摆脱财务困境最行之有效的办法就是——借低还高，拉长还款期限。或向你的父母借，或向你的亲戚朋友借，再不济甚至可以抵押贷款……唯有摆脱信用卡恐怖的高利紧箍咒，你才能逐步回到"无债一身轻"的理想状态！

信用卡不宜太多张

　　生活中,大多数持卡人被信用卡美丽的外表和五花八门的功能所迷惑,钱包里至少躺着三张以上的信用卡,像Mavis这样有个十几二十张的"信用卡潮人"也不是少数。可是,卡多了并不能增加你的信用额度,相反,还会促进你沦为"卡奴"的进程。那么,一个人究竟需要多少张信用卡呢?

　　对于持卡人来说,最科学的使用方式是持有两到三家不同银行、不同功能的信用卡。这样做的目的一来是为了方便,这家银行的刷不了可以换另一张其他行的;二来是因为卡片少,便于集中积累刷卡时产生的积分,能够最大程度地享受银行的积分优惠;第三,不会因为频繁使用不同的信用卡而忘记每张信用卡应还款的金额,避免被银行征收高额的罚息,也不必担负睡眠卡那些"剪不断理还乱"的费用。

"多麻烦啊？"Mavis撅着嘴，嘟嘟囔囔地道，"我办卡时，特意问了银行业务员的，只要不开通，就不用付年费啊！"

"这你可就错了！"Lynn嗤笑了一声，非常严肃地说，"咕！我上次办某超市和某银行的联名信用卡时，业务员也说不用年费的。可是，到了年底，银行照样寄了一张催缴年费单。我跑去一问，才知道信用卡不管有没有开通，都要收年费，只是第一年免年费，如果第二年刷卡刷满6次，才可以免去次年年费。"

Saron支着下巴感慨道："信用卡推销员经常为了推销目的，只介绍对你有利、有便宜可赚的项目，对那些拿了卡以后必须承担的风险、义务基本一律不提，或者避重就轻。特别是年费，好几次人家向我推销的时候都会说，'刷几次就好啦'，'会帮你抵消掉的'之类的话，反正千万不能上当了，还是要研究研究信用卡签约条款。"

信用卡没激活也收年费

还在因为贪图银行的礼品或者其他的各种原因好无节制地办卡,之后又任由它静静地躺在抽屉的角落吗?还在以为那些睡眠卡不激活便不会产生年费吗?

建议你千万别再这样做了。因为信用卡不激活并不代表就没有成本。发卡行在核准发卡以后,信用卡所涉及的一系列后台运作随即产生。所谓的"免首年年费"其实是银行帮助承担了这部分费用。也就是说,这一系列的运作费用并不因为持卡人不使用便不会产生。它其实一直在那里,只不过在银行寄来缴费单,或者你调出自己的信用报告之前,你都不知道罢了。

许多人为此白白地损失一笔年费不说,个人信用报告也不幸染上了"污点",最终得不偿失!

annual fee

Mavis举手投降，哭丧着脸："好吧，好吧，我立刻就去销。"

Lynn轻轻地点了点头，又说："销户时，如果卡上有钱，最好先把钱刷光再销；如果有欠款，则需还清透支款项，使卡上的余额为0；再拨打客服电话，进入人工台申请注销，或者到柜面办理相关手续。"

Mavis有疑问："我常用的信用卡就有6张，真按你说的都销了，平时辛辛苦苦攒下来的积分怎么办？"

"果然，债务把你的脑袋都压得不灵光了！"Iris抚额，一字一顿地道，"当然是积分兑换咯！上网看看可以兑换的礼品，看看最近正需要什么，想添置什么，把积分浪费压缩到最低，而且还可以省去下一笔信用卡的开销，不是很合算嘛！"

Lynn低头偷笑了一阵，又说："银行的规定是，从销卡登记日开始的一个月或45天之后，销卡才会真正生效，而且在销卡后的3个月内如果又想用卡了，还可以重新激活信用卡的。"

"还有反悔的余地啊？"Mavis从来没听说过这些。

"如果你确定肯定不用这张卡了，销卡以后记得一定要把磁卡拗断。"

"为了表示我理财的决心么？"Mavis继续装白痴。

"是以防万一卡掉了，被人家捡了还能刷，到时候怎么办！"Lynn笑道。

39

注销信用卡一定要万无一失

1. 注销信用卡之前，你一定要明白一个规则：通常一旦你注销了手头这张信用卡，以后再想重新申请原行的信用卡就会遇到一定的阻力。所以，注销之前，请慎重考虑。

2. 将卡内的欠款还清，免得留下信用污点。当然，如果卡内尚有余钱，那就一定要"用光"或者"取出来"。至于积分，能转的则将其转到其他卡上，不能转的立即兑换，以免失效。

3. 大部分银行开通了电话注销的方式，不过为了避免横生枝节，建议你最好亲自跑一趟发卡行。

4. 申请之后，完成注销的全部流程还需1~2个月时间，请耐心等待。

5. 正式注销之后，一定要彻底销毁卡片，不要往垃圾堆一扔或者角落里一放就完事，因为完整的卡片被不法分子拾得以后，在部分只需提取卡号不用核对信息的消费场所仍然可以使用。因此，所谓的彻底就是指一定要将卡片后面的磁条剪断！

Saron伸出手摸了摸Mavis顺滑的长发，道："另外一定得记住，无论经济状况有多困难，宁可向亲戚朋友借，也不用信用卡取现！"

"最后就是，从今天开始，减少消费，降低生活需求，务必赶紧把钱存下来还债！"Iris大声说道。众人关切的目光中，Mavis勉为其难点点头。

收入与信用卡支出要平衡

时尚带来的虚荣心，提前消费产生的快感，以及金融机构滥发信用卡的"圈地"运动，在一定程度上催生了日益壮大的"卡奴"族群。要想摆脱卡奴命运，必须量入为出，控制自己的消费欲望，将消费尽量控制在生活必需之内，杜绝一切奢侈和不理性消费。根据自己的收入状况和日常消费制定支出预算，日常经济以预算为准，节省下来的钱用来还信用卡的卡债。在还款期间坚决杜绝透支，每一笔收入和支出都要记账，月底总结。

我离 卡神 不太远

Iris趴在办公桌上，显得非常苦恼："这信用卡，用吧，怕成卡奴；不用吧，生活又非常不方便！"她长长地叹了口气，"哎，拿什么来爱你，我亲爱的信用卡！"

Mavis是信用卡的资深受害者，几乎立刻就接道："相濡以沫，不如相忘于江湖！最好就不要爱！无爱就无恨！"最后还意犹未尽地补充了一句，"巴菲特都说了，年轻人不要使用信用卡！"

正在喝水的Lynn忍不住扑哧一笑，差点被呛得半死。她笑道："Mavis，你的行为让我想起了'套中人'！难道因为喝水有可能被呛到，你就不喝水了？难道因为出门有可能被裁着脚，你就不出门了？这明显不现实嘛！"

Saron也接话道："Mavis，你把个人信贷消费的不良结果全部归咎于信用卡，对信用卡一点都不公平！信用卡是'物'，你是人，如果没有人的主观意念'驱使'物，我就不相信那信用卡还会自动'刷爆'了！"

"所以，巴菲特主要是提醒自控能力差的年轻人要善于理财，适度消费。不要以为有了信用卡就可以大手大脚地花钱了,要知道'出来混,总是要还的'!"

Lynn点头道:"我们生活中的很多事物都具有两面性,要客观地评价信用卡。一方面,信用卡给我们的生活带来了便利和优惠,如果使用得好,它甚至还能成为一个理财工具;另一方面,做任何事情都有一个'度',放到信用卡上来说,'度'就是我们的经济承受范围。如果盲目刷卡,看到什么都想买,都想用,就容易超出这个'度'陷入财务危机,进而不知不觉地变成所谓的'卡奴'。"

"打个比方说,我手头有10万块钱,打算买一辆车。有了信用卡,可以由银行来垫付这10万块钱,自己就可以根据约定的分期期数慢慢把钱还给银行。然后,我可以利用手头上的流动资金买一些短期理财产品,这叫用银行的钱为自己生财,买车赚钱两不误!比起没有信用卡全款付清的方式,你觉得哪种好呢?"

Mavis不假思索地道:"当然是信用卡好!"话音未落,其他人都看着她哈哈大笑。

Lynn又说:"可是,假如我目前的收入状况并不足以支持购车和后期养车的费用,却偏要用信用卡刷一辆车,后果就是使自己背上沉重的债务负担,并且又向'卡奴'迈进了一步。"

spending habits

调整好你的消费习惯

大多数卡奴收入并不低，之所以陷入重大的财务危机最终沦为卡奴，完全是因为没有良好的消费习惯和缺乏长远计划。在银行或商家来势汹涌的奖励措施及促销手段面前，他们完全不能控制自己的消费行为，只知道刷、刷、刷，根本不考虑刷出的额度是否和自己的收入状况相匹配。有句话说得好，"出来混，总是要还的"，超前消费必然带来还款时痛不堪回首，并且使自己损失很多原本可以用于储蓄和投资的机会。最重要的是，如果超过了一定的时间仍没还清欠款，就会被追究法律责任！

因此，持卡人一定要注意在日常生活中刻意地控制自己的消费行为，以便养成良好的消费习惯。注意根据自己的收入水平合理安排消费，避免造成不必要的还款负担。每次外出购物一定要有计划，有规律，三思而后行，不要盲目地购买。合理地规划信用卡使用行为，以便最大程度地获得来自银行商家提供的优惠或者奖励。

Iris想了一下说:"我明白了。Lynn的意思就是说,信用卡就像是一条船,使用卡的人是船上控制航向的掌舵手。好的掌舵手会驾驶着信用卡一点一点地通向卡神的港口,而不合格的掌舵手则驾驶着自己的信用卡通向卡奴的港口——传说中的地狱!"

"说得好!"Saron和Mavis一边叫好,一边噼里啪啦地鼓起掌来。

"我还有一个问题想要问!"Iris有些脸红,不过,她还是大声地说道,"请问,通向卡神港的航线是什么?"

Saron眼泪都快笑出来了,她一边笑,一边断断续续道:"哈哈哈,蒂……正……航向,避开……暗礁!"

信用卡当钱包用需谨慎

信用卡是把典型的双刃剑,一方面,作为都市人必备的理财工具和多功能钱包,它给我们的生活带来了许多便利与优惠;另一方面,它也具备着一定的风险,持卡人在使用的过程中若不能趋利避害,谨慎地管住自己的便宜"钱包",必然就会为之付出昂贵的代价。掌握其特性,最大程度地将其化为己用是每一个持卡人必修的一门功课。即使做不成"卡神",起码也不应该沦为卡奴!

reimburseme

　　Lynn向来和Saron心有灵犀，只需一个眼神、一个动作就能明白对方的意思。她耐心地解释道："航向就是指每个月列出一项你需要采购的'物品List'，必备的物品一项都不能少，可有可无的物品可以仔细推敲后安排是否上榜，至于一时心血来潮想要买的那种就免了吧。然后，集中用信用卡采购，边购物边享受积分的乐趣。"

　　"至于暗礁嘛，"Saron严肃道，"就是信用卡使用过程中的那些陷阱！"

　　"比如说……"

　　"少还一分钱也利滚利！"Mavis终于找到插话的地方了，她咬牙切齿地道，"我在XX银行办了一张国际信用卡，当时用这张卡刷卡消费了5700.52元，在到期还款日之前，我已经分多次陆续还款5700元，少还了0.52元。因为是零头，当时我没在意，还以为都还清了。但就是这区区0.52元，银行竟然要收我30多元的利息，利息是本金的几十倍。"

　　"我去找银行，银行的答复是：根据最新的国际信用卡章程，已将原来只对欠款部分收取利息，改为对消费款全部从消费发生日起，收取每日万分之五的利息。也就是说，我之前的5700元虽然早已按时还了，但仍然因为剩下的小小零头，还是被收取了全额的利息。"

还款不可毛估估

根据中国银行1999年3月1日实行的《银行卡业务管理办法》，持卡人倘若在信用卡超过了银行记账日至到期还款日这段免息期而还款，哪怕只超过了一天，银行也会从这笔刷卡消费之日起，按照刷卡总额以每日万分之五的利率收取利息，计复利，并且还要征收一定比例地滞纳金。同时，该信息还会被收集到人民银行的征信系统，这会使个人信用出现污点，从而影响今后个人向银行借贷。对于连续三次逾期还款或累计六次逾期还款的个人，在办理银行业务的时候都很有可能被拒绝。

另外，信用卡还款不同于普通的借贷还款那样，这一次差一小部分没关系，下一次还可以补足！对于信用卡来说，哪怕你有一毛钱没还清，银行仍然会以所有消费金额为本金，从这笔账记账的那天起，按照万分之五的利率收取利息。

大多数银行的结算方式为，设刷卡消费1000元，50天后到期时只还上了800元，还有200元未能及时还清。这时，已经还上的800元也不能享受免息待遇。那么，需要缴纳的利息由两部分组成：一部分是50天中消费1000元的利息，再加上200元在逾期时间段中的利息，利率均为：0.05%/天，计息为：

1000（元）×50（天）×0.05%（利息）+200（元）×N（逾期天数）×0.05%（利息）

若N=20天，

则上述利息总计为25+2=27元。

Lynn总结道:"最好是收到信用卡月结单后就立即缴清全部透支额,宁多毋少!假如资金周转困难,那你一定要选择还清占欠款金额10%的最低还款额。这样做的目的是为了减少利加利、罚上罚的损失,并且不因逾期付款对你的个人信用度造成影响。"

最低还款额一定要还!

最低还款额是指持卡人在到期还款日前偿还全部应付款项有困难的,可按发卡行规定的最低还款额进行还款,但不能享受免息还款期待遇,最低还款额为消费金额的10%加其他各类应付款项。最低还款额列示在当期账单上。在到期还款日前还上"最低还款额",利息照算,但不会影响到个人的信用。

信用额度内消费款的10%
预借现金交易款的10%
前期最低还款额未还部分的100%
超过信用额度消费款的100%
+ 费用和利息的100%
―――――――――――――――――
最低还款额

"是的!" Saron还补充道,"个人的信资记录就像你的羽翼一样,和你今后的生活息息相关,逾期的理由可以有很多种,工作忙碌、时间紧或者疏忽遗忘等等,但是后果却只有一个,罚金与个人信用度白白流失!罚金都不说了,关键是你任何处理信用卡账户的行为都会影响个人征信记录的好坏,从而影响到未来与银行打交道,甚至阻碍个人求职与事业发展。"

"哦,对了,"Saron拍了拍脑袋,又道,"我同学上次把信用卡当成存折用了,往里面存了几百块钱,她想把钱取出来,没想到银行方面还要收手续费,呵呵,这也算是一个瞌磕吧!"

"要存钱直接用储蓄卡就是了!"Mavis颇不以为然地说,"每家银行发行信用卡的目的都是为了让你消费,存钱在信用卡里当然不可能有利息。而且,从信用卡里取钱,就等同于预借现金,当然要缴手续费!"

"那手续费是多少呢?"

Lynn略一思索,道:"好像不同银行对此规定不同吧!你可以具体去了解一下!"

信用卡不可当储蓄卡

信用卡是一种结算工具，在功能上更强调消费，有些人因为担心自己会忘记还信用卡里透支的钱，或者因为想要提高自己的信用额度，以及其他种种原因，便在信用卡里预存一笔钱，导致了"溢存款"现象。首先，持卡人要明白，信用卡不是储蓄卡，"溢存款"并不会为你带来任何的利息收益。

其次，你想要提取这笔钱时，必须要按照信用卡取现规定，向银行支付一定比例的手续费。因此，持卡人需谨记万莫将信用卡当做储蓄卡使用，除了提高某一次的刷卡额度以外，这样做并没有其他好处。

Iris道："信用卡的邮购分期付款陷阱也很多！所谓的'免息'其实也要收取手续费，只是根据信用卡的不同，手续费也不尽相同。我上次用信用卡在网上商城买了一款相机，发现如果我一次性付款，价格是2680元，如果我选择12期分期付款，加上手续费，则要付2800.92元；可是假设选取24期的话，所有费用都加上，总额则高达2921元。还不如直接就在商场里面买了呢！"

分期付款小心"陷阱"

根据使用场合的不同，目前，银行推出的信用卡分期付款主要有三种模式：商场分期、邮购分期、账单分期。

虽然银行常常用"免息"来做宣传，但是，这并不意味着分期付款就是免费的午餐，大多数情况下，免息≠免手续费，并且，其手续费率可能比同期贷款利率高很多。换言之，加上不菲的手续费之后，你实际需要付出的成本多半高于所购物品的市场价格。

分期付款手续费是按期收取，通常期数越长，手续费越高。因此，持卡人选择分期业务时应当谨记，一旦还款能力许可，就应尽量选择短期限，以节约手续费开支。倘若你已经和银行约定好了分期的期数，那就没必要缩短期数、提前还款了，因为并不能降低分期的成本。打个比方说，你已经申请将一笔消费分6期偿还，后来因经济宽裕又将还款的期数提升到3期，还款的速度的确是加快了，可是这并不代表手续费也会相应减低，你仍需按照6期缴付。

另外，既然是使用信用卡消费，那么，逾期还款就必然会产生滞纳金，信用卡分期付款自然不例外！如果持卡人在分期付款内没有按时、按约定金额全额缴纳欠款，同样会被征收万分之五的罚金。

因此，持卡人在选择分期付款业务时，一定要摸清里面的门道，做到心中有数，才不会被商家和银行当成"小绵羊"白白地宰上一刀。

Lynn笑着说:"最最重要的就是'三千信用卡,只留最合适自己的那一张'。剩下的嘛,全都锁掉好了。"

Saron:"既然都知道是'三千信用卡'了,你怎么知道哪张是最适合自己的呢?"

Lynn笑着瞪她一眼:"笨!在提现额、额度高、服务好和还款方便的基础上,根据自己的日常生活规律选择啊!"

信用卡五花八门,怎么挑出Mr.Right

首先,应根据所在的城市,自己生活的环境选择一家口碑好,实力强、发行广的银行:能否上门办卡、送卡,网上银行的相关服务项目,缴款是否方便,客服电话服务质量好坏等方面可以考察其便利性如何;年费、挂失费、取现费、手续费等等诸多方面的收取方式及金额的比较,可以看清是否"优惠",是否能省钱。

其次,可以根据自己的生活习惯和消费方式,再细分信用卡市场找出最适合自己的"品

how to choose

种",比如:

如果对价格特别敏感,是否付年费是办卡的时候首要考虑的因素;

如果你特别讲究品牌,则可以针对你喜爱的品牌的合作银行提出办卡申请;

如果你最关注的是卡片能为你带来什么福利,那么你需要比较积分的有效期限、附加保险、提供的银行配套优惠、商场折扣点等;

如果你需要的是便利,那么应考虑能否上门办卡、送卡、缴款是否方便,客服电话服务质量,网上银行的相关服务项目等;

如果你是"购物狂人",可以选一张购物优惠多,或是与某大型商场合作发行的购物卡;

如果是经常出差的商旅人士,选择一张航空卡最适合不过了;

如果是经常出去旅行的"驴友",可以选择一张与旅行公司联名的信用卡,可以享受不少优惠;

如果是"有车一族",则可以挑选一张汽车卡,不仅加油有优惠,而且还可以在其他汽车保养上打折。

总言而之,明白自己想要什么,按需选择信用卡,使用起来,才会"物超所值",才能最大限度地给自己的生活带来优惠和便利!

金融快线
BOCOM EXPRESS

Iris
您的帐户余额：
413元

■ 工资那么高，存款那么少

Part Two

pay card

工资卡的 催醒计划

工资日这一天的午休时间，经不住Iris和Saron软磨硬泡，Lynn答应开车送她俩去一趟银行。Lynn一边开车，一边奇怪地问："工资存在工资卡里不也相当于存钱么，何必专门跑一趟银行啊？"

Saron惊悚："你的钱……"

Lynn不待她说完，点头道："是的，全在工资卡里面。用多少取多少，余额就是我的存款，挺方便的，存款花钱两不误，就是利息少了点。哈哈。"

Saron愤懑："既然你对利息不感兴趣，不如把存款交给我打理。本金是你的，利息算我的！"

Lynn撇撇嘴："Saron，你真是越活越没出息了，我实话跟你说吧，工作了这么几年，我工资卡里面现在至少有十万的余额，可是利息却只有几百块。你说说看，这点利息拿来干嘛？打发叫花子哦？"

储蓄也有奥秘

工资卡是职场人士荷包里最重要的一项配备,但是,对于大多数人来说,对于这项重要配备的态度皆是:用多少取多少,结余部分就放在工资卡里面。很少有人会想到,这样的做法已经在无形之中造成了卡上闲余资金的浪费,使你白白地丢掉了好几倍的利息不说,也失去了很多的投资机会。因此,掌握储蓄的秘密,对工资卡的使用方式稍做改变,使"睡钱"变"活钱",让你的工资卡为你所用,是每一个工薪族必备的理财技巧!

Iris一脸痛心疾首:"我没听错吧?!你说你把十万块放在工资卡里当'睡钱',你说你十万块存了好几年才几百块利息。这、这、这……你叫我们这些每年靠赚利息当衣服钱的小虾米情何以堪啊,情何以堪!"

Lynn手一抖,差点擦到一辆从巷子里拐出来的车,后排坐着的两个人吓得面如土色。愣了半天,Iris惊吓道:"就因为我本金比你少、利息比你高,你丫就谋杀我啊!嫉妒!你这是赤裸裸的嫉妒!我、我……"

"……"

Saron惊魂未定地拍打着胸脯："女侠，这事怪不得别人，要怪只能怪你没了解银行的规则呵！无论你有多恨，至少给小的们把令留着享受下半生吧！"

"冤哪！我比窦娥还怨！"Lynn哭笑不得，"高手在哪里，求高手出来解答一下利息谜团。"

"好吧，看在你认罪态度较好的份上，本高手就替你详解一下储蓄的秘密吧！哈哈哈！"Iris贼笑，"首先，你要知道我们工资卡内的资金是按活期存款存在卡内的。按照0.36%的活期利率来计算利息的话，实在是少得可怜。这也是你十万块放了好几年才赚了银行几百块利息的原因。可是，如果能够将卡内一部分资金转换为定期存款，那么定存三个月，利率就增长为1.71%；定存半年利率就上升至1.98%；而定存一年，利率就已经高达2.25%，收益大大提高。"

Mavis拿出随身携带的计算器在旁边帮忙算道："比如说，就以Lynn你现在的十万块钱来说吧，一年活期下来得到的利息为100000×0.36%=360元。可是如果你转为一年定期的话，得到的利息就应该是100000×2.25%=2250元，哇！后者是前者的6.25倍！太合算了吧！"

定期存款利息多

按照我国的《银行法》规定,闲置在工资卡里面的"睡钱"只能享受活期存款利率(0.36%)。倘若你将这笔"睡钱"改为定期存款,短期看来似乎差别不大,一般也就几十上百的利息收入,但时间长了,再加上利滚利的因素,这两者的收益自然也就体现出来了。

人民币存款利率表

项 目	年利率（%）
一、城乡居民及单位存款	
（一）活期	0.36
（二）定期	
1.整存整取	
三个月	1.91
半年	2.20
一年	2.50
二年	3.25
三年	3.85
五年	4.20
2.零存整取、整存零取、存本取息	
一年	1.91
二年	2.20
三年	2.50
3.定活两便	按一年以内定期整存整取同档次利率打6折
二、协定存款	1.17
三、通知存款	
一天	0.81
七天	1.35

注：人民银行历次存款利息调整对照表

erest rates

　　Lynn犹疑不定:"工资卡里的结余资金都应该存成定期,那我月月都有剩余,按照你这样说,岂不是每个月都要跑银行一次?!晕,好麻烦!"

　　Saron翻翻白眼:"好吧,告诉你一个秘密,别人我都不说的。"另外两人听了狂汗,Saron继续说,"现在很多银行都有开通约定转存约存业务,你只需要带上工资卡和身份证到银行柜台去设定一个转存点,让活期账户里的资金自动划转到定期账户就行了。"

　　"约定转存是什么?"

　　Saron耐心解释:"简单地说,就是可以让你使用固定储蓄去赚定期利息,又不用总是跑银行而浪费时间的新型理财方式。打个比方说,我每个月的工资是5000元,而我的日常支出在1500元的样子,那我就可以跟银行约定,2000元存活期,超过部分存1年定期,那么,这5000元在无形中就被分成了2000元的活期和3000元的一年定期。一年下来,我应该得的利息就为2000×0.36%+3000×2.25%=74.7元。可是如果我没有办理约定转存,让那多出来的3000元白白闲置在工资卡里面,就只有10.8元的利息,又是差了好几倍呢!"

何为约定转存

所谓约定转存就是指持卡人根据自己的需要,在银行柜台上对一张银行卡设立一定的资金"门槛",每当这张银行卡内的余额超过了所设置的"门槛",银行系统就会免费、自动将多出来的资金搬到持卡人指定的定期储蓄账户上,以获得高于活期存款的收益。打个比方说,你的门槛设置在2000块钱,每当卡内的余额满2000的时候,银行的系统就会自动把多出来的钱转到你设定的定期存款账户里,然后,这笔钱根据定期账户中所设置的存款方式与存款期限,而享受与普通存款相同的定期利率。

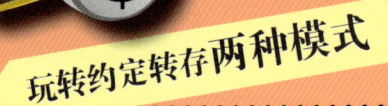

玩转约定转存两种模式

约定转存的管理通常有两种模式,一种是前面所讲到的活期转定期,而另外一种则正好相反,是设定好定期存款的数额,其余的资金则划转到活期账户里来,也就是所谓的"定转活"。

定转活的优点是方便,尤其对于房贷、车贷用户来说,每个月跑银行是件麻烦事,只要你在柜台上办理了定转活业务,每个月到了约定时期,银行就会从你的定期账户中转出约定的数额打入还贷卡上面，省去了很多了事情，非常方便。

有的银行为了方便客户，甚至开通了定活双向互转业务，客户只需在柜台开通，自行设定卡内限额，当卡内的余额高出限定的门槛之后，银行系统自动将高出部分转入定存账户。而当活期账户的余额不足时，钱又会从定期账户内自动转出。在约定转存期间，倘若你需要动用定期资金，银行卡会及时、逆向地将你存入定期储蓄账户的资金再搬出来。当然，如果这部分资金还没有存足期的话，银行只会按照活期储蓄来记息。但是定期账户上的剩余资金仍然可以继续享受同时期的定期利率收益。因此，在"玩"约定转存业务时，MM们最好根据自己的实际需求来确定定期存款的期限。一定要取的时候，用多少取多少，千万别存着"破罐子破摔"的想法一次性取完，这样会使你本来可以享受的收益白白流失。

除此之外，有些银行还开设了货币基金、短债基金的"约定转存"业务。

只要MM们到柜台上设定一个门槛，银行系统就会将高于设定金额的资金全部转成基金产品。打个比方说，你将账户的资金门槛设为5000元，那么，每当你账户余额大于5000元时，高出的那部分资金就会自动申购成指定的货币市场基金。这样一来，原本是闲钱、睡钱的资金就可以享受到货币市场基金的收益了！

"这么好？！我也去办一个！"Lynn一边开车，一边道，"话说这个钱就跟天上掉馅饼一样，不捡的人纯属脑残了。谁没事和钱过不去啊？！"

Iris黑黑一笑："我早就办了！这次搭顺风车去银行，主要是给我的工资卡开通网银，时不时就往银行跑实在太麻烦了。还有就是我比较粗心，老因为还款延误而被银行罚，我都罚怕了。所以这回坚决要把信用卡和工资卡挂钩！"

把信用卡和贷记卡串联

如果你是个粗心的持卡人，经常因为还款延误被银行罚息，请坚决将信用卡和贷记卡挂钩，这是普遍被推荐的还款方式。挂钩后，你的工资卡会在约定的时间偿还信用卡的欠款，以保证还款的及时性，久而久之，不仅有利于你建立良好的信用记录，同时也可以省下一大笔罚息的费用。通常情况下，还款的方式有两种，持卡人可以根据自己的财务状况选择不同的还款方式：

对于银行在还款日从关联的借记卡上自动扣除"最低还款额"（为欠款额的10%）的方式，我们将其称作"部分偿还"。与此相对应，银行从关联账户上扣取当月所有应还款额的方式，则是所谓的"全额偿还"。信用卡持卡人可以在申请信用卡时，选择具体使用哪种偿还方式，当

> 前提条件是两张卡是同一家银行的。有时候，单张信用卡难以满足持卡人的需要，或者别家银行的信用卡有更多的优惠活动，持卡人拥有两张以上的信用卡，却只有一张借记卡来偿还欠款，这时，最好的方法莫过于利用第三方支付平台的跨行转账业务，因为这样可以省去一笔可观的跨行转账费用。

说到第三方支付，美女们又唠嗑起来。进入互联网时代，许多为网上购物提供资金划拨渠道和服务的企业纷纷涌现，例如支付宝和财付通等，它们以自身强大的实力和信誉为保障，在电子商务企业与银行之间搭建起了一个中立的支付平台，起到了网上银联的作用。

作为第三方支付的忠实Fans，Lynn毫不怀疑："现在，第三方支付已经向航空、旅游、零售、医药、基金、保险等等和我们生活密切相关的行业渗透，用不了多久，第三方电子支付就会成为我们的生活的必需品了！"

Saron也赞同这个观点："只要在银行卡上开通了网上银行，诸如水电气之类的公共费用缴纳，手机费电话费充值，转汇交易，申购基金，股票资金划转，购物等等，都可以依靠第三方支付平台搞定，而不必耗时耗力地亲自去银行等地办理。既方便了人们的生活，又可以节省因挤不出时间去缴纳各种费用从而导致的滞纳金，给生活带来了很大的优惠，因此，被越来越多的人接受也是必然的！"

难得Iris也没有反驳："并且还很安全，只有搭连的那座鹊桥知道你的账户信息，甚至包括交易的双方也互不知晓，很大程度地保障了双方的利益。"

使用工资卡上的余额来抵减住房贷款的利息

对于部分即将或者正在通过个人按揭贷款买房或买车的人来说,使用工资卡上的余额来抵减住房贷款的利息,绝对是一种非常实用的打理工资卡上的闲余资金的方式!国内很多银行都有这类"存抵贷"的理财产品。

以Mavis为例,她贷款48万元购买了一套房子,按照房贷利率的85%计算,选择30年的贷款期限,她每个月需要还2641.37元。除去各种开支以外,Mavis每个月的工资卡账户里还有2000元的余额,她将这2000元打入还款账户,由于按揭利息是根据贷款净结余(按揭贷款结余减去存款结余)计算,每到第二个月,其账户里的贷款本金就减少了2000元,长期以往并假设其一直不支取,最终支付的房贷利息总额便会降低,同时,贷款期限也会相应减少。

这种"存贷相通"的理财产品通常对利息抵扣不设门槛,只要账户上的闲余资金都可以。只要你合理运用工资卡上闲余资金提前还贷,所获得的收益就可以直接用来抵减贷款的年限。因为银行的系统均采用的是每日结算的方式,将存款账户上的资金从当日的计息基数中抵消,这样一来,每抵消一次,贷款的应计利息就会相应地减少,月供款中的更多比例也就直接地用于偿还贷款的本金，从而缩短了贷款的年限。

　　除此之外，工薪族还可以选择基金定投来管理自己的工资卡，既能达到强制储蓄、控制自己的消费的目的，从另一个方面来说，它也使得工资卡上的闲置余额得到充分的运用。只要你跟银行签订协议，约定每月的扣款金额后，每个月银行都会按照约定扣除工资卡中的款项，并且将扣除部分划到基金账户完成指定基金的申购。

合理储蓄，八方来支招

银行里的人很多，Iris、Lynn和Saron取了号之后，在客户等候区找了几个空位，一边闲聊，一边等待轮到她们办理业务。

Lynn心想：既然都来了，干脆就趁此机会将工资卡里面的十万块存成定期，也好赚点银行的利息钱。不过，储蓄的种类这么多，应该怎么存才能最大程度地榨干银行的油水呢？Mavis、Saron两个狗头军师又兴致勃勃地开始出谋划策了。

按照你的习惯来储蓄

1. 根据客户存入币种的不同,可以将储蓄业务划分为人民币储蓄和外币储蓄两大类。
2. 根据客户储蓄的期限不同,将储蓄业务划分为短期储蓄和长期储蓄。
3. 以三年为分界点,三年以下的定期存款业务被看作是短期储蓄,以上的则是长期储蓄。
4. 根据储户与储蓄机构的契约的期限和功能角度关系不同,还可以将储蓄业务分为活期储蓄、定期储蓄、通知储蓄和定活两便储蓄等类型。

活期存款	
定义	一元起存,由储蓄机构发给存折或银行卡,凭存折或银行卡存取,开户后可以随时支取。
优点	无固定存期、可随时存取、存取金额不限
缺点	利率最低,不适合作为大笔资金的长期投资。
适用对象	经常性生活用款或一般开支,如缴纳水电费、电话费等零碎费用。
利息计算方法	本金×利率
储蓄技巧	1. 一般将月固定收益(例如工资)存入银行活期存折作为平常待用金钱,供应平常支取开支(水电气等用度从活期账户中代扣代缴付出最为便利)。
	2. 由于利率低,一旦活期账户节余了较为大笔的存款,应实时支取转为定期存款。
	3. 对于平常有大额款项进出的活期账户,为了让利钱生利钱,最好每两个月结清一次活期账户,然后再以结清后的本息重新开一本活期存折。
	4. 银行规定,未留密码的存折不能在非开户储蓄所办理业务。因此,在开立活期存折时一定要记住留存密码,不仅是为了存款安全,也方便日后跨储蓄所以及跨地区存取。

定期存款

定义	储户在开户时约定存期,到期一次支取本息或分期支取本金、利息的储蓄种类。
优点	无固定存期、可随时存取、存取金额不限
缺点	利率最低,不适合作为大笔资金的长期投资。

整存整取

定义	50元起存,存期分三个月、半年、一年、二年、三年、五年,本金一次性存入,由储蓄机构发给存折或银行卡,到期凭存折(卡)支取本息,可留密码可挂失。利息按存单开户日挂牌公告的相应的定期储蓄存款利率计付,提前支取按支取日挂牌公告的活期储蓄存款利率计付利息。到期未支取,超过存期部分按支取日公布的活期利率计息。存款的到期日对年、对月、对日为准。
优点	利率较高。
缺点	受时间限制,如果提前支取,利息损失较大。
适用对象	事先预知不使用的资金或长时间不动用的资金。
计算方法	本金×利率×时间。例如,某储户在银行存入20000元的定期存款,存款期限五年,年利率为4.2%,五年后: 利息=20000×4.2%×5=4200元,利本总额=20000+4200=24200元。
储蓄技巧	1. 适用于生活结余的较长时间不需动用的款项。在高利率时代,存期要就"中",即将五年期的存款分解为一年期以及二年期,然后滚动轮番储存,如此可因利生利而达到最佳收益效果。 2. 低利期间,存期要就"长",能存五年的就不要分段存取,因为低利情况下的储蓄特征是"存期越长、利率越高、收益越好"。 3. 对于那些较长时间不用,但不能确定具体存期的款项就要用"拆零"法,如可将一笔50000元的存款分为5000元、10000元、15000元以及20000元四笔,以便视具体情况支取相应部分的存款,避免利息损失。 若预计利率调整时,恰好有一笔存款要定期,此时若预计利率调高则存短期,反之则要存长期,以让存款赚取高利息。

	零存整取
定义	每月固定存额，一般五元起存，存期分一年、三年、五年，存款金额由储户自定，每月存入一次，到期支取本息，其利息计算方法与整存整取定期储蓄存款计息方法一致。中途如有漏存，应在次月补齐，未补存者，到期支取时按实存金额和实际存期，以支取日人民银行公告的活期利率计算利息。目前，银行零存整取一年期利息是1.91%，三年期是2.2%，五年期是2.5%，坚持下来，比活期收益高多了。该储种适合广大职工、居民每月节余款项存储，以达到计划开支的目的。其存款利率分别高于活期和定活两便储蓄。
优点	存入时负担较小，利率相对较高，能够在平时积聚资金。
缺点	受时间限制，需要每个月存入，较麻烦。存款未到期就取款，利息部分按照活期利率计算。
适用对象	工薪族和月光族，每月固定存入相同金额的钱，可以逐步半强制性地使月光族为自己将来的开支积累一些资金，并养成"节流"的好习惯。
利息计算方法	利息=月存金额×累积月积数×月利率。 其中累计月积数＝（存入次数＋1）÷2×存入次数。据此推算一年前的累积月积数为（12+1）÷2×12=78。并以此类推，三年期、五年期的累积月积数分别为666和1930。 储户只需记住这几个常数就可直接按照公式计算出零存整取的储蓄利息了。 例如，某储户2010年7月起，每月存500块钱，定期一年，年利率为1.91%， 到期后： 月利率=1.91%÷12=0.1592%,利息＝500×0.1592%×78=62.09元，利本总额=500×12＋62.09=6062.09元
储蓄技巧	1. 较固定的小额余款存储，累积性强，一旦约定了存款金额，就必须每个月按时存款。 2. 储种较死板，最重要的技巧就是"坚持"，绝不连续漏存两个月。如果中途因为特殊原因漏存，那么下个月一定要补上，如果没有补存，那么这份合同就视同违约，到期支取时对违约之前的本金部分按实存金额和实际存期计算利息；违约之后存入的本金部分，按实际存期和活期利率计算利息。

存本取息	
定义	本金一次性存入，一般5000元起存。存期分为一年、三年、五年，由储蓄机构发给存款凭证，分次取息，到期一次支付本金。利息凭单分期支取，可以一个月或几个月取息一次。由储户与储蓄机构协商确定。如到取息日未取息，以后可以随时取息；如果储户需要提前支取本金，可凭本人身份证件，按定期存款提前支取的规定计算存期内利息，并扣回多支付的利息。
优点	利息可分期支取。
缺点	本金受时间限制。
适用对象	适用于照顾对象的消费。如：离退休人员的固定支出存本取息是一种实用的储种，特别适合为老年人存养老金，为孩子存上学费用，它存入的方法是约定存期、整笔存入，然后分次取息，最后到期一次支取本金。
计算方法	该储种利息计算方法与整存整取定期储蓄相同，在算出利息总额后，再按约定的支取利息次数平均分配。例：某储户2010年7月1日存入10万元存本取息储蓄，定期三年，利率年息2.2%，约定每月取息一次，计算利息总额和每次支取利息额为：利息总额=100000×3（年）×2.2%=6600元，则每次支取利息=6600÷36（月）=183.33元
储蓄技巧	1. 对于一些有大笔的资金较长时间不用，又不愿意投资一些有风险产品的储户，不妨考虑采用存本取息＋零存整取的组合模式，即先将这笔本金以存本取息的存储方式储蓄起来，一个月以后，取出这笔存款第一个月的利息，然后再开设一个零存整取的储蓄账户把所取出来的利息存到里面，以后每个月固定把第一个账户中产生的利息取出存入零存整取账户。这样一来，不仅能获得较高的收益，还能把产生的利息再存起来，达到"利滚利"的效果。
	2. 采用利滚利储蓄法时，最好是与银行约定"每月自动转息"业务，这样既不用每个月到银行取息再转存，同时也能把这部分利息再利用起来，获取更大的组合收益。

savings

	整存零取
定义	本金一次性存入，一般1000元起存，存期分一年、三年、五年，由储蓄机构发给存单，凭存单分期领取本金，支取期分一个月、三个月、半年一次，由储户和储蓄机构协商确定，利息于期满结清时一次性支取。
优点	利息可分期支取。
缺点	利息受时间限制。
适用对象	适用于固定开支，适用于定期需要钱的人员。
计算方法	(全部本金+每次支取金额)÷2×支取本金次数×每次支取间隔期×月利率 每次支取本金=本金÷约定支取次数 例如，某储户在2010年10月存入12000元整存零取储蓄，定期一年，年利率1.91%，约定每月取息一次，计算利息总额和每次支取利息额为： 每次支取本金=12000÷12=1000元 到期应付利息=（12000+1000）÷2×12×1×1.91%÷12=124.15元
储蓄技巧	1. 如果你有整笔较大款项，例如半年到一年的生活费用，且需要在一定时期内分期陆续支取使用时，可以选择"整存零取"方式作为储蓄存款方式。 2. 通过这种定期储蓄，可以把手头的资金最大利益化，更重要的是，可以让自己计划好一段时间内的支出，做到对未来心知肚明。

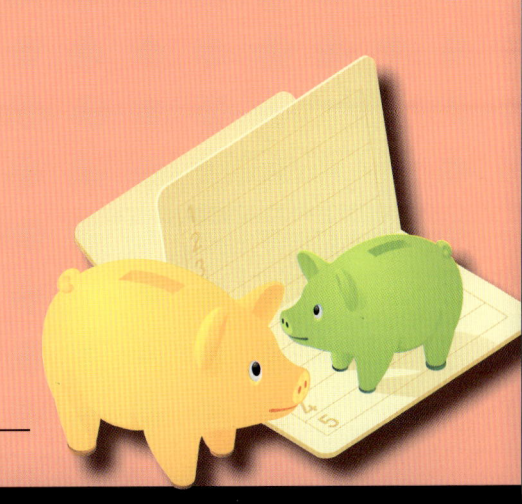

	通知存款	
定义	存款人在存款时不约定日期,支取时需提前通知银行,约定支取存款日期和金额方能支取的一种存款方式。起存金额50000元,并以1000元为单位递增。	
优点	利率相对较高。存期灵活、支取方便,适用于大额、存取较频繁的存款。	
缺点	起点资金比较高。	
分类	一天通知存款:提前一天通知约定支取存款,利率为0.81%,	
	七天通知存款则必须提前七天通知约定支取存款。利率为1.35%。	
适用对象	拥有大额资金、存期难以确定、存取较频繁的活期储户,特别是股民、汇民或经商人士,在股市、汇市低迷,或在法定节假日、短期不用款的时候,选择银行通知存款,可获得更大的收益。	
利息计算方法	本金×存期×相应利率。例如:某储户手上有100万元资金,春节七天存的是活期,那么七天的收益为1000000×0.36%/365×7=69.04元;若他存的是"七天通知存款",那么其七天的收益为1000000×1.35%/365×7=258.9元	
储蓄技巧	1. 50000元以上的人民币活期储户,适合办理银行的一天通知存款或七天通知存款业务,以实现利息收入的最大化。但此前需要与银行事先约定才可以享受通知存款业务。	
	2. 当然也有一些银行开通了智能通知存款业务,不需要预先约定,账户上的资金可以自动享受通知存款待遇,储户只要保持存款账户余额在50000元以上,银行就会自动为客户选择"一天"或"七天"最适合的通知存款类型。	
	3. 由于通知存款存入时,存款人自由选择通知存款品种(一天通知存款或七天通知存款),但存单或存款凭证上不注明存期和利率,金融机构按支取日挂牌公告的相应利率水平和实际存期计息,利随本清。如果我们在升息前存入通知存款,加息以后办理支取时,这笔存款可以享受调高后的新利率。因此,我们可以充分利用通知存款这一特殊的规定,让临时无法决定投资意向的存款最大限度的升息。	
	4. 若非万不得已,绝不在七天内支取存款。如果储户在向银行发出支取通知后未满七天即前往支取,则支取部分的利息只能按照活期存款利率计算;不要在已经发出支取通知后逾期支取,否则,支取部分也只能按活期存款利率计息;不要支取金额不足或超过约定金额,因为不足或超过部分也会按活期存款利率计息;支取时间、方式和金额都要与事先的约定一致,才能保证预期利息收益不会受到损失。	

	定活两便存款	
定义	本金一次性存入，由储蓄机构发给存单，一般50元起存，存单分为记名和不记名两种。记名式可挂失，不记名式不可挂失，存期不限。	
优点	既有定期之利，又有活期之便。开户时不必约定存期，银行根据存款的实际存期按规定计息。	
缺点	利率介于定期和活期之间，收益不能最大化。	
适用对象	非常适合在三个月内没有大笔资金支出，同时也不准备用于较长期投资的储户。	
计算方法	本金×存期×利率×60%。其中存期三个月以内的按天数以活期利率计算；存期在三个月以上的，按同档次整存整取定期存款利率的60%计算；存期在一年以上(含一年)，无论存期多长，整个存期一律按支取日定期整存整取一年期存款利率的60%计息。	
储蓄技巧	1. 当你手头有一笔资金，但不确定什么时候会用的情况下，可以选择这种储蓄方式。	
	2. 但是，这笔资金应以小额、少量为宜，最好不要超过50000元。毕竟日常生活开支月月相差不多，基本上是可以计算的。	
	3. 只要账户内资金闲置超过三个月，那么就能享受同档次整存整取的六折优惠，还是比较划算的，但是如果可以确定手中资金闲置超过一年的，那么还是选择定期存款比较适当。	

Saron抬起头，看了一眼墙壁上高高挂着的利率表，嘀咕道："我觉得'存长不存短'比较好，这样可以享受高额的利息。比如五年的整存整取，按照4.2%的利率，到期时，光利息钱就有21000块。啧，啧，21000呀！比我一个季度的工资和还要多好几千呢！"

Lynn不同意："这么长的时间，万一在存期内，我需要这笔钱来解燃眉之急怎么办？无论提前多久，哪怕只提前一个星期，只要是提前支取就会造成这笔存款的利率由定期变为活期！按这样说，我还特地来办定期储蓄干嘛？！"

Saron反驳道:"当你需要的时候,按照你需要的金额到银行办理'部分提前支取'嘛!取出来的部分按活期计息,剩余的钱仍然按照定期存款利率计息。所以,需要多少就取多少,你一需要就全部取完,当然不划算啊!"

部分提前支取

根据《银行法》规定,定期储蓄存款提前支取的,按支取日挂牌公告的活期储蓄存款利率计付利息。部分提前支取的,提取部分按活期,其余部分到期时按原定利率计息。也就是说,当你需要动用定期存款解决迫切需求的时候,需要多少就取多少,这样剩下的钱仍然能够享受定期存款的利率计息。可是如果你全部取完了,无论你之前存了多久,这笔钱只能全部按照活期计算。打个比方说,Mavis用1万元存了一年的整存整取,存到半年的时候,突然急用5000元,则这1万元的利息分两部分,一部分为5000元的半年活期利息,即$5000 \times 0.36\%$的一半,共9元;一部分为5000元的一年定期利息,即$5000 \times 2.5\% = 125$元。这说明,办理部分支取业务比起全部支取,能将利息的损失降到最小!值得注意的是,一张存单只能办理一次"部分提前支取"业务哦!

Lynn摇头:"一张存单只能办理一次部分提前支取,万一我中途还有其他急需用钱的地方怎么办?"

Saron抚额:"小额存单抵押贷款不也挺方便的么!"

储蓄小额抵押贷款的期限

　　小额抵押贷款是指为了解决临时性的需要,借款人以未到期的整存整取、存本取息储蓄存款或外币定期储蓄存款的存单作为抵押,向所开户的储蓄所申请的期限在一年以内、金额不超过存单面额的80%,大于人民币1000元且小于人民币10万元的小额度贷款。一般来说,抵押的存单期限就是还款期限,有时候,一份存单的贷款额并不足以满足借款人的需求,因此,借款人使用了多张存单作抵押以增大贷款额度,这时,银行就会按照距离到期日时间最短的存单作为借款人的贷款期限。

　　小额抵押贷款的贷款利率是按照中国银行业监管机关规定的同档次流动资金贷款利率执行的。根据商业银行规定,不足六个月的小额抵押贷款按六个月贷款利率确定,利随本清,提前还贷按原定利率和实际借款天数计算。如遇利率调整,在贷款期限内利率不变。逾期一个月以内(含一个月)储蓄机构将自逾期日起在贷款合同规定的利率基础上加收20%的利息。超过一个月,储蓄机构有权处理抵押存单,抵偿贷款本息。

Iris道:"且不看贷款利率比存款利率高多少,但说目前正处在低息期,银行储蓄利率变动较频繁。万一在这五年期间利率上调怎么办?那不是白白损失了一部分利钱么?所以,我觉得还是选择短期的比较好。"

存期越长不一定越划算

很多人为了多赚点利息钱,便将家中的余钱都盲目地集中到了三年期和五年期等长期储蓄上面,而不是综合地考虑到这笔钱的预期使用时间、使用范围,以及家中的存款结构等因素,以至于急需用钱时,因定期存单未到期,而白白损失了一笔可观的利息。从另一个方面来说,通过对定期利率的比较,我们可以得知,一年期存款利率和五年期存款利率的差距只有1.7%,也就是说,存款期限的长短对利率的影响已经不大。而现在正处于低利率时代,存款利率上涨的可能性很大,盲目地选择长期存款只会造成利率调高时无法享受较高的利率。从而出现了"存期越长,利息越吃亏"的现象。

为了不损失每一笔利钱,我们在选择定期存款期限时,最好是选择中短期的定期存款,这样的话,不仅资金的流动性强,也能最大程度地赚取利息。遇到利率上涨时,还能及时地转存,以享受调高的利率。

"短期的利息很少呀！"Lynn揉着太阳穴苦恼地说，"有没有一种储蓄品种，既能避免升息时造成的损失，又不会在我急需用钱的时候造成利息流失的现象呢？"

银行大厅的客服经理早在旁边听她们聊了半天，此时适时地开口了："虽然没有这样的储蓄品种，但可以使用一些储蓄技巧达到这样的效果。"

三个美女一听，立马围过去，异口同声地问道："什么技巧啊？"

客服经理微笑着道："假如你手中有一笔闲钱，且一年之内没有什么用处的话，'交替储蓄法'是最好的选择。倘若你平日里生活支出比较有规律的话，则可以选择'台阶储蓄法'。"

当你手上的闲钱较多，并且一年之内没有什么用处，也不打算采用除储蓄以外的其他金融投资工具时，那么，交替储蓄法会比单纯地存一年定期更适合你，它能在为你的生活带来便利的同时，最大程度地给你带来优惠。

打个比方说，你手上有8万元现金，为了方便不时之需，你可以将其平均分成两份，每份4万元，然后分别存成半年和一年的定期存款。半年后，将到期的半年期存款改存成一年期的存款，一年后，又将到期的一年期存款继续改存为一年期。这样重复交替下去，以半年为循环周期，每隔半年，你都会有一张一年期的存款到期可取，不仅轻

```
        ┌──────────┐
        │ 存入银行 │
        └────┬─────┘
      ┌──────┴──────┐
┌───────────┐  ┌───────────┐
│40000元/半年期│  │40000元/一年期│
└─────┬─────┘  └─────┬─────┘
┌───────────┐  ┌───────────┐
│到期后改一年期│  │到期后继续一年期│
└───────────┘  └───────────┘
```

交替储蓄法

轻松松地获得了利息,也能让自己随时有钱应急备用。

如果你的家庭平时的生活支出非常有规律,你希望这笔存款能够照顾到家庭不同时期的使用,使家庭生活更加井井有条、从容有序的话,你可以将这笔钱平均分成四份,第一份是2万元的一年期存单,第二份是2万元的两年期存单,第三份是2万元的三年期存单,第四份是2万元的四年期存单(三年期加一年期)。也就是说,四份存单额度相等,以一年为隔断点,存款期限呈"台阶式"有规律地上涨。这样,不仅能适应不同时期的需求,还能比较灵活地应对利率政策调整,并且获得较高的收益,具有非常强的计划性!

savings

20000元/四年期
20000元/三年期
20000元/二年期
20000元/一年期

台阶储蓄法

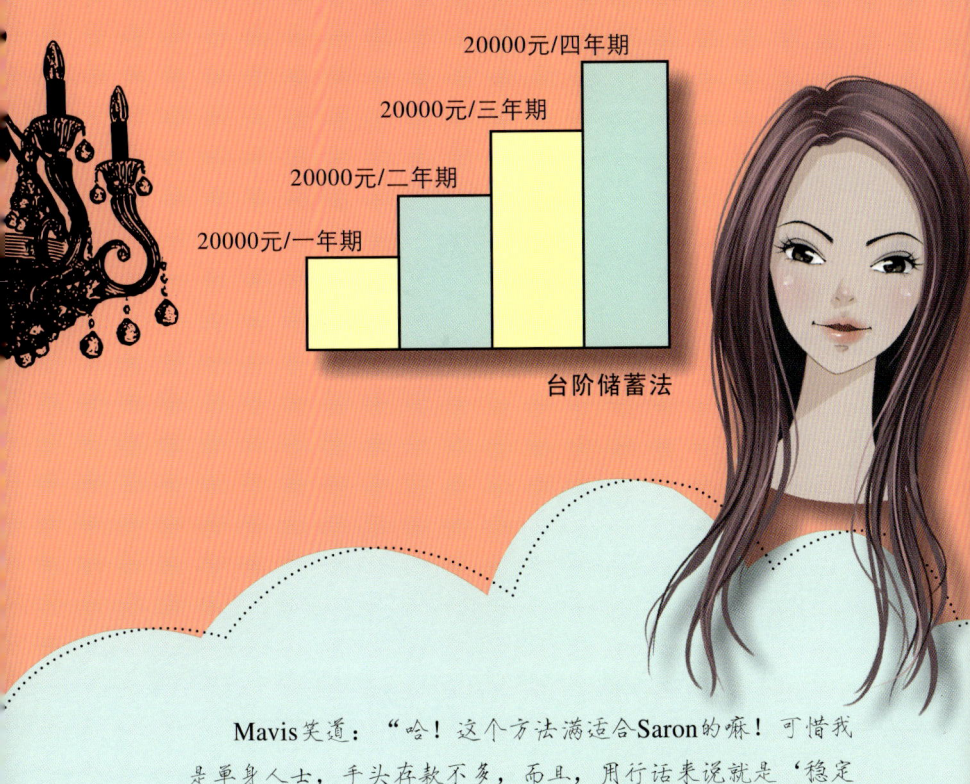

Mavis笑道："哈！这个方法满适合Saron的嘛！可惜我是单身人士，手头存款不多，而且，用行话来说就是'稳定性差'，仅有的这一丁点银子随时可能拿出来充当粮饷，或者应对防不胜防的消费需求。您看，我这种情况适合什么样的储蓄方法呢？"

客服经理的态度非常好，耐心说："类似您这种在某一段时间内有用钱的打算，却又不能确定何时使用、一次性用多少的小额度闲置资金，储蓄时最好的办法是使用'四分储蓄法'。这样，不仅利息会比存活期储蓄高很多，而且用钱时能以最小的损失取出所需的资金，随时满足你的用钱需求！"

"四分储蓄法？！"Mavis面带疑惑，"您的意思是说

将钱分成四份吗?!"

客服经理笑道:"其实四分储蓄法还有一个名字——'金字塔'法!也就是说,将你的本金按照金字塔的形式分成不同额度的几份,比方说,你有1万元现金,将它分成1000元、2000元、3000元、4000元等不同额度的四份,然后将其都存成一年期的定期。你在一年之内任何时候,都可以根据用钱的需求取出数额相近的那张存单,如此,便能最大程度地减少利息损失了!"

Saron突然想起,"刚刚步入职场的人,没有什么存款基础,每个月的消费不定,不过基本都会有个几百上千块的剩余。想要买点什么基金吧,钱太少;任它闲置吧,觉得可惜;存起来吧,又怕遇到紧急情况时不能料理。依你看,有什么好的方法解决吗?"

客户经理思索了片刻,笑道:"那就选用'十二存单法'吧!你每个月都将月收入的余额按照一年期的定期存款来存,这样,当存足一年以后,手上便会有12张存单。而此时,第一张存单开始到期,你便将本金和利息以及这一月的剩余合在一起,再存成一年期的存款,以此类推下去,12张存单月月循环往复,一旦急需用钱,只要将当月到底的存单兑现就可以了。哪怕是这张存单上的金额不够,你也可以拿着未到期的存单到开户所办理小额抵押贷款,这样,不仅能赚取利息,为自己攒一笔创业基金,也能缓解因突发事件造成的经济窘迫的状况,可谓两全其美!"

听了客户经理的一番话,众人纷纷感谢美女客户经理,Lynn有感而发:"没想到看似简单的存款里面门道那么多,若不是结识了行业中的资深人物,按照我原来的储蓄方法一直存下去,还不知要浪费多少利息钱呢!"

客户经理抿唇笑道:"建议各位要办理定期存款的MM们不要忘了,给存单办一份'自动续(转)存',这样才能使定期存款逾期时不会损失利息。"

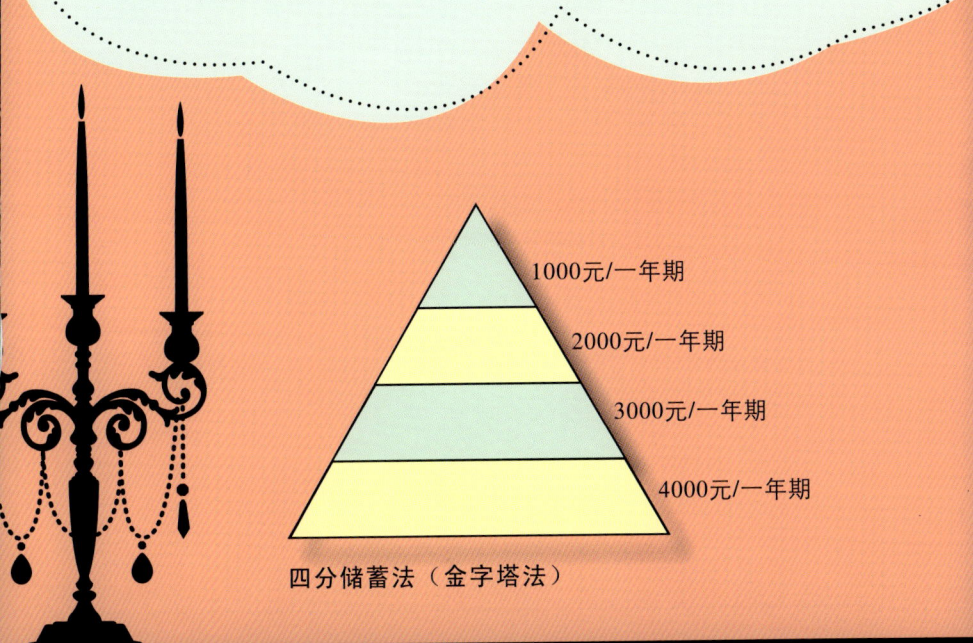

1000元/一年期

2000元/一年期

3000元/一年期

4000元/一年期

四分储蓄法(金字塔法)

十二存单法

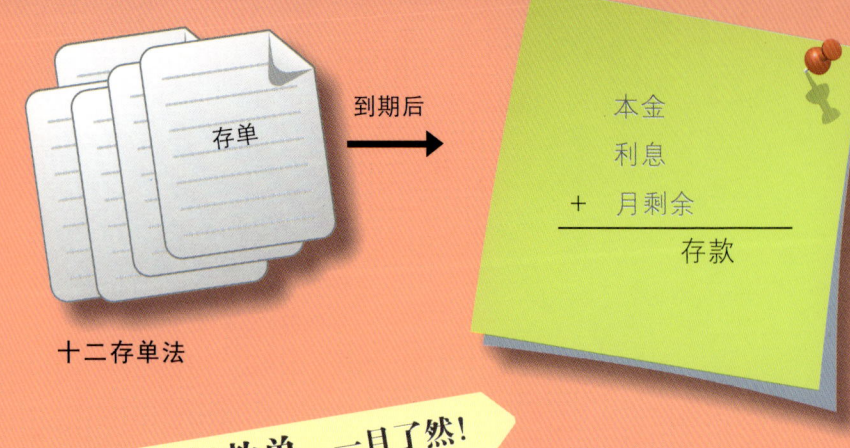

到期后 →

本金
利息
+ 月剩余
―――――――
存款

自己制作存款单，一目了然！

新的《储蓄管理条例》规定：定期储蓄逾期支取，逾期部分按当日挂牌公告的活期储蓄利率计息。也就是说，如果你同时拥有几张存单的时候，最好能将所有的存单集合起来，制作一张简单的存款表。为了不损失每一笔利钱，我们在选择定期存款期限时，最好是选择中短期的定期存款，这样的话，不仅资金的流动性强，也能最大程度地赚取利息。遇到利率上涨时，还能及时地转存，以享受调高的利率。

项目 类别	存入银行	存款金额	存款日期	存款期限	到期日期	利息收益	到期后 总金额

因为，如果定期存款到期后，你如果忘记了去办理续存或者转存，从到期的那一天开始，这笔存款开始以活期利率计算利息，长期以往，必然会减少利息收入。尤其是对于那些存款额度大、逾期时间长的存单来说，利息的损失更大。

存款表不仅能够帮助你快速地掌握自己的存款状况，另外一个作用就是帮助你避免存款逾期现象所造成的利息损失。

当然，除了用存款表之外，还有一个更方便的办法能保障定期储蓄到期后储户的利益，这就是——自动续（转）存。只要你在办理存款业务时同时办理自动续（转）存的业务，存款到期那天，银行系统就会按照此时的定期利率，自动将账户里到期的存款本息当成本金，按照与此前相同的存期一次性续（转）存，并且不受次数限制。在这期间，如果你想要取款，游戏规则与提前支取定期存款相同。

续存后如不足一个存期客户便要求支取存款，续存期间按支取日的活期利率计算该期利息。定期储蓄如果中间利率调整，对储蓄利息不产生影响，仍按存入日的利息计算，但是到期自动转存的时候，按照最新的利息执行。

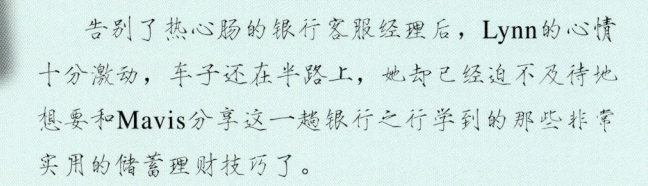

告别了热心肠的银行客服经理后，Lynn的心情十分激动，车子还在半路上，她却已经迫不及待地想要和Mavis分享这一趟银行之行学到的那些非常实用的储蓄理财技巧了。

债券，坐享固定收益的投资项目？！

　　Iris见Saron脸上的笑容从银行出来就带了一路，就连回到了办公室似乎也不曾消停。不由好奇地问道："Saron，你今天撞什么大运了？怎么这么高兴？"

　　Saron含笑道："你猜猜。"

　　Mavis最先响应："'金龟男'向你表白？！"

　　Saron脸黑了："去你的。我像那种虚荣的女人吗？何况我已经有老公了！"

　　Iris异想天开："买彩票中了500万？"

　　Saron抚额："那我不携款逃了，难道还等眼红想分一杯羹的人来追杀？！"

　　Lynn笑意盈盈："Saron，我看你还是早点招供吧，免得一会儿什么好事被这两个唯恐天下不乱的家伙搅得一团糟了。"

　　Saron点头，实话实说："我刚才在银行买了几万块钱的债券。哈哈，传说中稳赚不赔的投资！"

传说中稳赚不赔的"债券",到底是什么?

债券是一种债权债务关系凭证,证明持券者有按约定的条件(面值、利率和偿还期等)向发行人取得利息和到期收回本金的权利。按照发行的主体通常将其分为国债、企业债、公司债等几种。它有四大基本要素:谁来发行?借多少?给什么好处?什么时候还?

利息
+ 差价
―――――
投资收益

Mavis瞪眼:"这个结论未免言之过早吧!债券也是有风险的!"

Lynn迷惑道:"不会吧。我经常看到老人们排队去买债券的啊!父辈的钱来得不易,他们不会轻易拿钱开玩笑的!"

Saron也附和道:"是啊。你也太杞人忧天了吧!我经常买的,虽然收益比不得基金股票之类的,但比起储蓄来还是很可观的!"

Mavis大吼一声:"谁说债券没有风险的?所有的金融风暴都和债券有关,譬如美国的次贷危机,就是次级住房抵押债券引起的!"

Saron乐极生悲,捂着胸半天说不出话来。

Mavis见她难受,也觉得自己刚才说的话重了点,便打起精神宽慰道:"Saron,你别难过了,虽然购买债券是有危险的,但是,我们可以平时使用一些办法进行'风险控制'啊!"

Saron抬起头,半信半疑地看着她。Mavis手舞足蹈地解释起来。

债券也有风险!

利率风险

利率是影响债券价格的重要因素之一,被人们戏称为债券的灵魂。

假设其他因素固定不变,当市场利率上升时,投资者为了加大收益,会将资金转向银行储蓄等相对收益率较高的金融资产,市场对于债券的需求减少,债券的价格便会降低。

相反,市场利率降低时,投资者为了稳妥起见,会将手头的资金转向债券等收益稳妥的金融资产,市场对于债券的需求增大,债券的价格便会上涨。也就是说,债券的价格与市场利率是成反比的。

规避方法

购买债券时,通常情况下,债券的期限越短,利率越低;期限越长,利率则高。

有些投资者为了追求收益率,一味地购买长期债券,却没有考虑到购买债券的日期离到期日越长,利率变动的可能性就会越大,债券的利率风险也会增大。因此,MM们在购买债券时最好是采用长短期债券相配合的策略。当利率上升时,可以抛卖短期债券后换取其他相对收益率较高的金融投资产品;当利率下降时,持有长期债券能够带来相对稳定的高收益。

购买力风险

在经济发展中，物价的波动是难免的，因此，通货膨胀预期会对债券收益率产生直接而重大的影响。在通货膨胀的条件下，随着商品价格的上涨，债券价格也会上涨。很多投资者因为货币收入增加就忽略了通货膨胀的风险。要知道，投资者的实际收益率=名义收益率-通货膨胀率，也就是说，货币贬值时，投资者的购买能力下降，投资者资产的实际收益率也就会随之而降低。

规避方法

应对购买力风险最好的方法莫过于分散投资，以分散风险，"不把所有的鸡蛋放在一个篮子里"。因为通常情况下，一种证券不景气时，另外一种证券的收益率就会上升，分散投资以后，两种证券的收益和风险相互抵消，投资者仍然能获得较好的投资收益。

变现能力风险

是指投资者在短期内无法以资本市场上的正常价格将所持债券平仓出货的风险。它取决于投资者所持债券在市场上的表现。长期债券的变现风险高于短期债券；交易越频繁、活跃度越高、认同度越大，债券的变现能力也就越强，反之则弱。

规避方法

针对变现能力风险，MM们在购买债券时应该尽量选择交易活跃、信用等级高的国债债券、政府债券等，而小公司发行的债券的变现性就要差得多，因此，选择冷门债券一定要慎而又慎，以避免短期内因难以找到合适买家，而面临降价出售所带来的损失。

经营风险

所谓的经营风险是指因债券发行单位管理与决策层经管失误而导致的资产减少以致债券投资者遭受损失的现象。

规避方法

由于国债的投资风险极小，相对而言，公司债券的利率较高但投资风险较大，所以，MM们下手之前，一定要对债券的发行公司进行评估，评估应包括对公司的盈利能力、偿债能力、信誉等方面，综合起来再权衡是否需要买这支债券。

违约风险

指债券到期时，债券发行人不能按时还本付息，而给债券投资者带来损失的风险。

规避方法

违约风险主要表现在公司债券中，一般是由于发行债券的公司经营状况不佳或信誉不高而带来的。因此，MM们在选择债券时，一定要仔细了解发行公司的情况，尽量避免选择投资经营状况不佳或信誉不好的公司债券。

再投资风险

投资者购买债券时,假设长期债券利率为14%,短期债券利率10%,投资者为了减少利率风险将资金全部押注在短期债券上。短期债券到期收回现金时,由于各种原因,利率下降至6%,投资者想要再投资,却找不到与前期利率持平的投资机会,就产生了再投资风险。

规避方法

对于再投资风险,还是那句老话,想要合理规避,就要注意"别将所有的鸡蛋放在同一个篮子里",一定要注意长短期相配合,分散投资风险!

听了Mavis的解释,Saron后怕地拍拍胸脯:"还好还好,我一向谨慎,这回也买的是国债!"皆大欢喜。

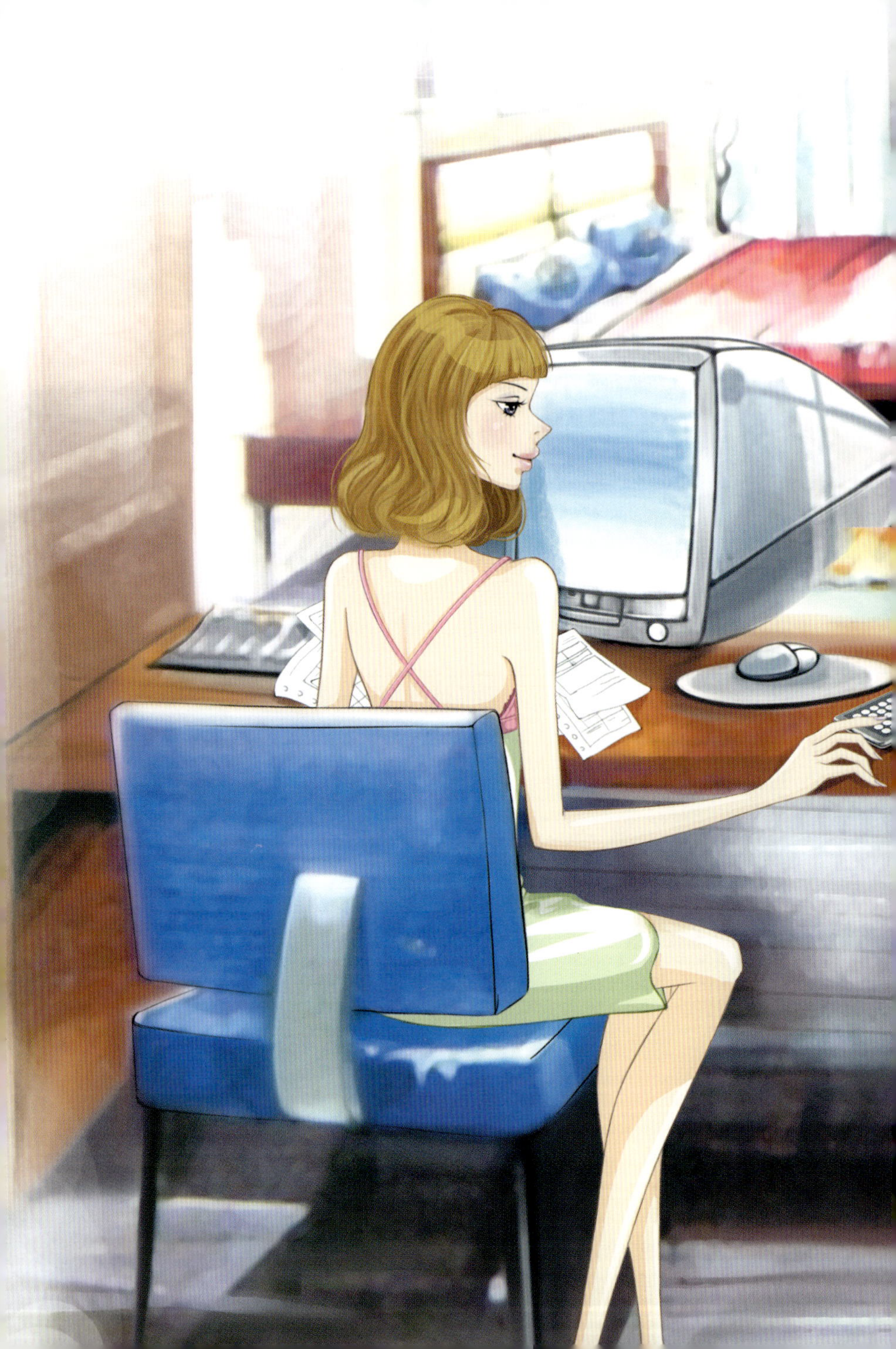

谁才是当之无愧的平民敛财女王？

Part Three

Keep
accounts

听妈妈的话，记账回到小时候

Saron最近又迷上了记账，一有空闲拿着一支笔，时而做出凝思状，时而埋头唰唰唰地写些什么，动不动就说什么"好记性不如烂笔头"、"每天花点时间记账，好处多多，数不胜数"，整个一财务部天天打算盘的老会计了。而且，不只自己记账，Saron最近还时不时以亲身经历感化办公室的姐妹们都同她一起记账！

"记账？让我想起小时候一到晚上，我妈就拿着一个小本子在灯下面写写画画，口中还念念有词的。问她在写什么，她也不理我，以前我还一直好奇来着。后来有一次，我忍不住伸过脑袋一看，满篇记的都是哪里花了几分、哪里又花了几角，我光看都晕得很，也真难为她老人家了，一记就是几十年啊！"Lynn忍不住感慨，"现在想想，当时日子过得多节俭，每天就这么点钱还能记账！"

"老一辈记账的时候大多采用流水账的方式，但我们现在一般是采用财务报表的形式，一目了然，简洁明了。不仅可轻松得知财务状况，更可替未来做好规划。"说着，Saron像想起了什么似的，脸上突然露出不可思议的表情，"原来你也有怕的时候？我还一直当你是金刚铁骨的女超人呢！"

　　Lynn打趣道："是哦！我这个女超人天不怕、地不怕，就怕满篇都是数字的财务报表！幸好我一直都有用信用卡，每个账单日，银行都会发一张对账单，上面逐笔列出了上月所有的消费支出及金额。通过整理分析这份账单，我就会清楚地知道自己的资金流向和消费结构。哪些消费是合理的，哪些消费是可以节省的；哪些消费是可以延后，哪些消费根本就不应该产生等等，做到自己心中有数，然后合理地调整下一月的购物消费，从而达到省钱的目的，久而久之也就形成理财的习惯了。因此，信用卡的对账单对于我来说，虽不是账本，却胜似账本，比起自己逐笔记录，真是方便简洁太多了！"

keep accounts

每天花十分钟记账

你是不是经常默默地为自己或为家庭下一月将要添置的东西进行盘算呢？！盘算你的购物计划切实可行吗？开支是否违反了量入为出的原则？是不是能省下来？会不会使家里的生活陷入窘境？会不会使用作投资的资金周转不灵？……想要知道这些，就必须了解个人/家庭每月的固定收入及日常生活支出情况，而想要清楚，毫无遗漏，事无巨细地了解个人/家庭中的收支状况，最好的办法莫过于每天花十分钟记账。

Iris缩脑袋，一脸视死如归的表情："除非是专业学会计的，否则，是女人都怕和数字打交道好不好！要我记账，不如杀了我！"

Saron懒得理她，笑道："用信用卡的对账单来充当账本倒也不失为一个好办法。可是我总觉得吧，对账单比起自己记的还是有些缺憾，主要是不能完全地记录你的收支状况。打个比方说，你打车回家，出租车费也算是支出之一吧。显然，这笔支出在对账单上就反映不出来。"

"其实，记账没你们想的那么恐怖。就跟写日记似的，写了一段时间之后，你再回过头来看以前收入的账目，就会想起自己工作的那些事；看着一天支出账目，今天吃了什么，和谁一起吃的都记得一清二楚。什么叫人生的回忆啊？这个就是啦！哈哈……"

Mavis将信将疑："有这么浪漫吗？你哄我们玩的吧！"

Saron正色道："记账真的有很多好处，回忆的乐趣只是其次，最重要的是它能培养正确的理财观念。尤其是对于Mavis这样的……月光公主而言，更是好处多多！"

Mavis抚额："又拿我说事儿？晕！"

Iris笑嘻嘻地道："咱办公室就你一'公主'，不拿你说事拿谁说啊？"

Iris的话音未落，办公室里的其他几个人已经笑得东倒西歪。

Saron笑道："Mavis，我发誓，绝对没针对你！我只是有感而发罢了。记账是一个好习惯，可以把自家的收入和支出都以书面的形式记下来，清楚每天、每月所花费的钱都跑到哪里去了。"

Iris想了想说："这样的话，哪些钱是可以节省的，哪些钱是可以推后再用的，大家不会理财的原因主要是不知道自己的钱花到哪里去了。"

Saron点头道："对，记账的益处就在于能把钱真正地花在刀口上。其实记账并不复杂，一个小小的举动就能省去许多不必要的开支，何乐而不为呢？"

Financial status sub-health

你的财务状况是否"亚健康"

所谓的记账就是及时、准确地将个人/家庭发生的所有经济行为逐一在账本上登记下来。其目的是通过对个人/家庭中各项经济收支的分类整理，为个人/家庭下一阶段的开支计划提供一些科学依据，使个人或家庭中的成员能够随时掌握资金的动向。一旦有异常情况发生，例如支出大于收入，就可以准确地找出消费中的漏洞，及时调整，将家庭的财务状况引导到健康有序的轨道上来。

Saron继续补充："通过一段时间的记账，你就能清楚地摸清日常生活的开销大约要花多少钱。每个月发了工资以后，留下生活费，剩下的可以储存起来或者用作投资，它是一个家庭或者个人进行财务规划的基础。"

Iris插话道："对啊，像亲戚朋友来借钱啊，人情往来送礼之类的，谁好意思写个字据做凭证啊，时间一长，很容易就忘记了。要是我记账了，就可以把账本当成备忘录，时间再长我也心中有数！真好！"

Lynn笑道："Saron，不如把你的记账法说出来，大家也好讨论一下这种方法是不是真的适合推广呀！"

Saron一听，兴趣来了："这个嘛，很简单的。要想开始记账，首先就得在平常的生活里养成集中凭证单据的好习惯。比如购货小票、发票、收据、银行单据、刷卡后的签单、信用卡对账单、提款单等等都保存好，你在记录的时候就会井井有条。另外，平时收集发票时，别忘了及时在发票的空白处或者背面，标注下相应的时间、金额、品名等项目，再将其放置到固定的地点保存。凭证收集全后，按消费性质分门别类，每一项目按日期顺序排列，以方便日后的统计。"

其余三人正襟危坐，都拿出小本子记录。

"其次呢，就是根据个人的实际情况将每个月的收支情况分成收、支两大项，再在每项里细分，这样收支情况才会一目了然，易于分析。比如我家的账本吧，在收入这一栏呢，就包括工资、奖金，利息及投资利息，偶然性较大的收入这几个部分……"

Mavis讶然："等等，请问什么叫做'偶然性较大'的收入……好拗口哦！"

Saron瞪她一眼："你听我说完，别打断呀。"

"工资嘛，不用说，当然是我和我老公的基本工资、补贴等固定收入啊，奖金也一样，不解释。利息和投资收益这一块则是指存款利息、房租、股息、基金分红、股票买卖收益等等这一类；至于偶然性较大的收入嘛，就是礼金、抽奖之类不固定所得。"

"那么支出呢？"Lynn比较关心这方面。

"支出每个家庭也都差不多的，日常开销、置装费、储蓄等等，有时候还会涉及到比如生病了看病买药的支出、每个月给家里老人的支出、参加培训课程等等乱七八糟各项支出。"Saron头疼地说，"反正一旦算到支出，就会发觉平时我们做什么事情都在花钱！"

复式记账三大步骤

简单的流水账科目设置不完善，账户记录之间缺乏必要的相互联系，不仅不便于检查账户记录的正确性，而且也不能全面、系统地反映经济业务之间的来龙去脉。为了克服这些问题，更加完整地记录每一项经济交易或事项所引起的各项经济变化，我们在记账的时候就要采用会计学上所说的"复式记账"。

STEP1 SOURCE和USE

复式记账的第一步是弄清金钱的来源和去处。也就是说，我们必须知道两大概念：

一种是钱从哪里来，即SOURCE（源）的概念；另一种是钱到哪里去，即USE（用）的概念。

为了更好地记录SOURCE和USE，不遗漏、不出错，我们就要学会在日常的消费中索取发票，尽可能地集中存放消费的凭证和单据，如银行扣缴单据、捐款单、借贷收据、刷卡签单及存、提款单据等等都是需要保存的对象。之后，每天或每隔一段时间在收集的单据发票上面标注好消费时间、金额、品名等项目，分门别类地按日期顺序排列，以便日后的统计和查账。对于一些没有表示品名的单据，一定要立即标注上。

731 5900 970 139 7

1045元
2010年05月
往北京机票

STEP2 分门别类细化收支

第二个步骤是将每月收支进行细化分类，这是复式记账的核心内容。很多人记账时都不知道应该记录哪些内容，而更多的人则是管它三七二十一，密密麻麻地记了一大篇，看的时候常常连自己也要晕头转向，纯粹是"流水账"一本。为了使收支状况一目了然，便于查账和分析，我们记录时必须要分门别类。如何分呢？一般来讲，我们应先将其分为"收"和"支"两大类，然后再根据情况细化。

在"收"一栏，我们通常根据其来源，将栏目分成三大板块：

固定性收入：

基本工资
补贴
奖金

投资收入：

存款利息
股息
基金分红
股票收益

偶然性收入：

红包
稿费
抽奖奖金

支出也可以分为以下几大板块：

固定性支出：
房租
按揭/贷款
月租费
保险

必须性支出：
水电煤费用
电话费
交通费
汽油费

生活费支出：
柴米油盐费用
伙食费用

教育支出：
学费
培训课程费
书杂费

疾病医疗支出：
无论有无保险，都按照当时支付的现金记录，等保险费报销后，再记入收入栏。

社会交际支出：
朋友聚会
请客吃饭
婚丧嫁娶

　　记住，记账的目的不是为了让你变成一个吝啬鬼，而是要让钱花得明白、花得实在，所以在预算中应该单列一项"不确定支出"，每个月根据个人情况，固定几百元，用不完就递延，用完了就向下个月透支。

STEP3 合理预算分配资金

　　最后一步，除了根据记账时时检查个人或者家庭的收支状况，监督其支出行为，做到能省下的绝不浪费，不能省的绝不硬抠，使自己或者家庭的生活更加从容，随市场的变化及时调整资产投资

的比例之外，别忘了每个月末根据前一月的家庭收支情况分析，制订下一月的支出预算。简单点说就是多少钱存银行、多少钱用于消费、多少钱用于投资。每月的消费预算具体项目和金额上各有不同，编制时应注意实际可行性，并留出若干弹性，比如营养费、伙食费之类就要放宽支出。只有这样，你才能科学地组织和分配家庭收入、约束无节制的开支行为，更科学合理地调控财务状况！

"最后一个步骤，"Saron说得口干舌燥，为了尽快结束不免加快了语速，"对每个月的收支是否平衡的状况进行分析评估，制订家庭收支预算表，每一项曾经列出过的明细都要算进去。对于超支较大的支出项目，几个月下来要看看是否有改进，是不是没有起色。"

"说完了？就这么点？"

Saron失笑："是啊，说完了。就这么点。是不是很简单啊？！以后要和我一起记账并讨论记账心得的同学请举手。"

"我！"Iris一马当先地举了起来。

Lynn笑笑："也算我一个吧，以后聚会后可以拿出来讨论下。"

见大家同时把目光集中到自己身上，Mavis讪笑道："嘿嘿，我自然也是要舍命陪君子啦！"

记账记的不是流水账

做任何事情都贵在持之以恒，对于记账来说，尤是如此。最开始的时候，很多人因为不能适应复式记账的方法，而采取只记录总额、记录细项的流水计法，这样不仅无法了解金钱流向，记账的目的也会大打折扣。但是，如果你采用系统而全面的复式记录法的话，久而久之，就会发现，不仅金钱流向一目了然，分析时简洁快速、直入主题，就连你做事情时的专注程度和细微程度也能得到一定的提升，可谓是一举多得。

记账发现"拿铁因子"

keep acc

美国知名理财专家戴维·巴哈曾提到："每天少喝两杯拿铁，30年就省7000万元。"如果我们把这句话的范围扩大一点，比如每个月少看两场电影、少听一场音乐会，或者少打几次出租车等等，经年累月下来，也能省下一笔客观的支出，这类日常生活中的非必要开销被人们戏称为"拿铁因子"。经济不景气的情况下，很多原本一掷千金的都市一族都默默地捂紧了钱包，想方设法地挑战这些"拿铁因子"。

为了使挑战的效果更好，我们在记账时就应该做到滴水不漏，不以钱小而不记，不以麻烦而不分类。这样，我们才能发现很多花费到日常生活中不被注意的角落的"拿铁因子"，并且，有计划地各个击破，以达到"节流"的目的！

×30年=7000万元

何为有效率的记账

记账的灵魂就在于记录人及时、连续、准确地记录每一笔开支。

1.记账的及时性

所谓及时，就是指为了避免遗漏、金额误差、类目出错等现象发生，记录人最好能在收支发生后立即上账。这样做的好处是全面直观地反映出理财的效果，为收支统计分析提供准确的数字依据，方便理财工作的进行。另外，对于信用卡、委托银行付款等的余额比较敏感的账户，及时记账能帮助实时监视账户余额，如透支额等。这样，一旦发现账户里的透支或余额不够，便能及时地处理，以减少一些不必要的利息支出或罚款。

但是，倘若每发生一笔账就掏出记账本，久而久之，就会使记录人因繁琐而对记账工作产生抵触情绪。我们的建议是保管好原始单据和发票，并及时在上面标注好时间、金额、品名等项目，然后，每隔一至两天上一次账。

2.记账的连续性

记账是一项长久的活动，必须要有长远的打算和坚持的信心，三天打鱼两天晒网或者一时的心血来潮等都不可取，只有连续、完整地记录才能达到我们想要的效果。

3.记账的准确性

顾名思义，记账的准确性就是指记录人在记

账时必须保证其记录正确,与实际的收支情况相符合。这里面包含了两个含义,其一,收支分类恰当,方向不能错误,收是收,支是支,千万不能填反了。其二是数目和类别不能错误,打个比方说,用于休闲的费用不能放到必须性的支出里面,用于教育的支出不能放在生活费里面等等。实事求是,精确到元,包括收支业务发生的日期等也不能含糊。

网上电子账簿也便利

过去,人们常说"好记性不如烂笔头",进入早已将笔当作一种摆设高高地放在柜子上方的互联网时代,网络记账悄然盛行,各种专业的记账网站和记账工具如雨后春笋一般,层出不穷,例如:

聚宝网 http://www.jubao.com/
中国记账网 http://www.jizhang.net/
中国账客网 http://www.jizhangla.com/
钱宝宝 http://www.bbcash.com/
蘑菇网 http://www.gmogu.com/index.do
网上理财记账 http://www.qian168.com/

这些网站和软件不仅能够帮助你轻松实现消费预算,还能加大记账的准确度和效率,克服传统手工记账容易出现的差错、数据难以保留、效率低等现象,还能帮助你交到不少志同道合的朋友,大家互相交流心得,激励对方,使历来枯燥无味的记账变得有趣起来。

我到底有 多少钱

"哎呀,我怎么把这个都给忘记了!"Saron懊恼不已,"咱们天天都在说如何省钱、如何开源之类的,殊不知成功的理财应该是从一张家庭资产负债表开始的呀!只有清楚地知道你有多少现金,有多少存款,有多少现金等价物以及金融资产,又有多少卡贷、房贷等负债,两相抵消之后又有多少净资产等,才能根据自己实际理财的目标有的放矢,调整不合理的资产配置,掌握及改进家庭的收支经营状况呀!哎,果然人老了,脑子也不中用了!"

家庭也要资产负债表

我们可以将理财解释成根据自己现阶段的状况，科学地管理财务走向的过程。这里面有个很重要的词语——现阶段。我们都知道随着时间的推移，我们的收支情况在不断发生变化，财务状况也会随之改变，而这种变化将会影响到我们一个阶段的家庭投资规划。为了使投资计划更周全，不至于陷入被动的局面，以及准确地知道自己各个阶段通过各种投资工具及方式所得到的理财收益，我们就必须时时、全方位准确地掌握自己的资产状况。这个"时时"和我们在讲个人损益表时所谈到的"时时"不同，期间的间断较长，一般都是每季度半年，甚至一年才使用一次，为了区分，我们必须引入一个在个人或者家庭理财中非常重要的概念——资产负债表。

Balance sheet

资产负债表

时间：			姓名：
资产			金额
金融资产	现金与现金等价物	现金	
		活期存款	
		定期存款	
		其他类型银行存款	
		货币市场基金	
		人寿保险现金收入	
	现金与现金等价物小计		
	其他金融资产	债务	
		股票及证券	
		基金	
		期货	
		外汇实盘投资	
		人民币（美元、港币）理财产品	
		保险理财产品	
		证券理财产品	
		信托理财产品	
		其他	
	其他金融资产小计		
金融资产小计			
实物资产		自住房	
		投资的房地产	
		机动车	
		家具和家用电器类	
		珠宝和收藏品类	
		其他个人资产	
实物资产小计			
资产总计			
负债			
负债		信用卡透支	
		消费贷款（含助学贷款）	
		创业贷款	
		住房贷款	
		汽车贷款	
		其他贷款	
负债总计			
净资产（总资产-总负债）			

"资产负债表?"众女异口同声地道,"我可不喜欢欠别人钱的啊!"

Saron气极反笑:"服了你们了!此'负债'非彼'负债',指的是信用卡、水电煤气、房租房贷等等需要支付出去的部分。通俗地说,资产负债表是反映家庭资产现状和家政管理的业绩的表格,就像是我们每个人的家庭体检,一年一次就可以,一年两次也不多,但是若时时检、月月检,就有点过了。除非是你的家庭发生了重大的资产变动才需要!"

income and expe

给家庭收支做个体检

这里的负债是指因过去的经济活动而产生的现有债务，比如房贷、汽车贷、信用卡、水电气支出等等。但是资产负债表却不单单仅是反映你什么时候欠了谁多少钱，准确地说，它反映的是个人/家庭在某一特定日期资产、负债、所有者权益等的财务状况。可以用一个更形象的比喻来解释这个资产负债表：拿着一台相机在高速行进的路段按下快门，洗出来的静态画面就是资产负债表，而上面的车辆就是资金流量。这是一种时效性的信息，通过对当时状况的描述，它能为你和你的家庭解决财务上的几大难题：

家庭资金来源的构成，包括家庭有多少资产，都是些什么资产，有多少负债，都是些什么负债等等，让你清楚全面地摸清自己的家底。

能反映个人/家庭在这一时段的财务实力、短期偿还债务的能力、资产结构的变化情况和财务状况的发展趋向等等，为你的家庭资产评估提供依据。

通过对资产负债表的分析，你可以得出收支比率、消费与投资比率、投资收益率、投资结构、资产负债率等等信息，而所谓的理财，就是将这些费率科学地调整到合适的范围之内。

list

Mavis兴致勃勃地问道:"那么,要如何做一份科学的、完整的、有效的个人/家庭资产负债表呢?"

Iris点头如捣蒜:"对对对,我也正想问这个问题!"

Saron解释道:"其实也很简单,掌握三个步骤就可以了。"

"啊?!"

Lynn若有所思:"我猜,第一步肯定就检查、整理全部的资产负债。"

"何为全部?"

Mavis想:"存折上的现金肯定是少不了的,活存、定存、活汇等等,一个也不能放过!"

Iris不甘落后:"有价证券当然也得算,股票啊、基金啊、债券什么的,都应该计算好投资成本和现有值!"

Lynn说:"房地产、汽车、大宗家具定然也得算,这些都不是小的数目!不过,我认为,固定资产等具备变现价值的物品,应该折现后再列入负债表。既然是折现,那就必须采用现在的市价,而不是购置资产或负债发生当时的价值!"

"我就知道你们说不全,"Saron贼兮兮地笑,"黄金珠宝和收藏品也是组成之一。奶奶留下的翡翠戒指,爸爸替你收藏的集邮册等等,都有可能是非常非常值钱的宝贝喔!"

Saron的资产清单

金额资产或生息资产	个人使用资产或自用资产	奢侈资产
手中的现金 在金融机构的存款 退休储蓄计划 预期的税务返还 养老金的现金价值 股票 债券 共同基金 期权、期货商品 贵重金属、宝石 不动产投资 直接的商业投资	自用住宅 汽车 家具 衣物、化妆品 家居用品 厨房用具、餐具 运动器材 家庭维护设备、五金 电视、音响、录像机	珠宝 度假的房产或别墅 有价值的收藏品

Saron的负债清单

流动负债	长期负债
流动负债 信用卡贷款 应付电话费、电费、水费、煤气费等 应付房屋租金 应付保险金 应付税款:房产税、所得税等 到期债务	消费贷款:汽车贷款、装修贷款、大额耐用消费品贷款等 住房按揭贷款 投资贷款 个人助学贷款

Saron继续上课:"至于负债嘛,我们可以视还款期限,以一年为分界点,将其分为短期负债和长期负债两大部分。当然,也可以根据你的资金运用周期将其再细分成半年、两年、三年等。

收集齐全之后,下一步是依照资产的流动情况、风险状况,由高到低地将其逐一填入资产负债表内。负债一栏应考虑到到期期间长短、利息高低等等进行排列。如此,你才能一目了然,清楚地知道个人/家庭负债结构是否配合。

最后一步是分析。根据现阶段的财务状况分析,合理有序地进行下一阶段理财目标的确立,理财结构的配置以及资产状况的调整。"

debt ratio

资产负债率

　　想要知道你的理财结构和资产状况分配是否合理，我们必须知道一个非常重要的词——资产负债率。

　　资产总值＝流动性资产＋投资性资产＋使用性资产

　　负债总值＝短期负债＋长期负债

　　净资产＝资产总值－负债总值

　　资产负债率=(负债总额/资产总额)×100%

　　由上面的公式可以看出，资产负债率实际上是一个负债指数，这个指数的高低将直接影响到对于个人资产负债率的把握。一般来说，合理的负债率应该在30%左右，最高也不能高过50%，因为那样就意味着你的财务已经或者即将出现危机。

GROWTH_BUSINESS
INVEST_BUSINESS
PART_1
77%
PART_2
43%
PART_3
52%
PART_4
31%
PART_5
98%
73% company
36% services
48% clients
38% partners
81% careers
PRODUCTION
VITAMIND
CREATIVE TREND MAKER
HTTP://WWW.VIT

Part Four

■ 好风借力入青云之爱"基"有道

fundation

人人都爱 买基金

Saron想起前几天Lynn说要把股票全抛了，就问："Lynn,听说你打算从股市撤出，进军基金市场，怎么样，决定好了么？"

Lynn这两天正在研究这个，随口回答："还好，准备拿几万块来试试。"

Iris夸张道："呀呀呀，未来的'基精'横空出世哪！发达了可别忘了拉姐妹们一把，'共同富裕'才是王道哦！"

Lynn失笑："少来，'鸡精'还差不多！"

Iris摸不着头脑："唔？"

Lynn好笑道："此'鸡精'非彼'基精'。我都对那玩意儿一窍不通的，怎么可能成'精'啊？！只是见身边的人大都在买，而且好多朋友也也确靠这个或多或少地赚了笔钱，才托了朋友帮我选几支好点的基金的。"

Saron叹气："早就听说基金'稳赚不赔'的大名，我这小心肝只要一听到'基金'两个字就跃跃欲试，扑通扑通跳个不停呢！本来指望着你成'神'之后，传授我一招半式。现在看来……"

"你也想买基金？"Mavis感激Saron经常帮助自己，犹豫了一下，道："其实可以找我的朋友Alice,她是基金公司的经理。"

"嗯？"众人耳朵都一起凑了过来。

Mavis道："你原来不是教我用强制零存整取的方式来改变月光公主的恶习吗？Alice知道以后，就教我用每个月原本用于强制储蓄的那2000块钱分了一半，办了个基金定投，刚买的时候遇到股市下跌，账户里最多的时候，亏损甚至达到-42%，用了大半年时间才回本。现在嘛，嘿嘿，赚了一点，但是不多，收益率好像只达到6.4%的样子。"

Iris脖子一缩，嘴角抽了抽："料，比五年的定期利率都高，还说收益不好。"

Mavis挠了挠头发，嘿嘿地笑："听说2009年前，年均复利是4.6%，每月如果拿1000元进行为期20年的定投，算下来，累计投入金额是24万，但是平均赎回的金额却高达59万！呀呀呀，俺们没赶上好时代，不过现在开始存也不晚，虽然不一定能当成百万富翁，但是用来补充养老金还是绰绰有余的！"

earn money

loss money

"稳赚不赔"只是神话!

　　所谓基金定投就是投资者向有关销售机构提交申请，约定每期扣款时间、扣款金额及扣款方式，由销售机构于约定扣款日在投资者所指定的银行账户内，自动完成扣款和基金申购申请的一种定期定额投资基金的方式。

　　它不仅具有起点低、方式简单的优势，又能积少成多，平摊投资成本，降低整体风险，稳妥又省心；另外，在复利的作用下，基金定投能够获得1+1>2的效果，因此，被投资者亲切地称为"懒人理财术"。

　　需要注意的是，由于基金定投本身只是一种基金投资方式，因此不可能避免基金在投资运作过程中可能面临的各种风险，换句话来说，基金定投并不能够完全替代储蓄等其他理财方式，"稳赚不赔"只是一个美丽的神话!

Saron惊喜："满口都是听不懂的基金'术语'，还真成'神'了啊！不行，好歹姐妹一场，你不传点'基神心经'给我怎么行？"Iris点头："是的，是的。共同富裕才是王道！"

Mavis抚额："我自己都一基金盲，只不过被大师的光辉照久了，勉强能够唬唬人罢了！你们要是真想学，就叫Alice来一趟吧！"

于是某天中午午休时间比较长，四人就约了Alice一起吃午餐了。

Mavis笑着说："公司的姐妹们想请你给我们进行一些简单的基金知识培训。"

"啊？"Alice有些吃惊，很快又点点头道，"哦。知道基金是什么吗？"

Mavis本来还担心Alice不肯，听她这么一说，无疑相当于吃了一颗定心丸。她稳了稳神，道："将自己的钱交给基金公司，在基金公司的帮助下达到'钱生钱'的目的！"

Alice意外："哈！学了不少嘛！以前跟你说这些的时候你都不感兴趣的！"

Mavis心虚："那哈，以前是我一个人长跑，现在是一群人在同一起点赛跑。有竞争才会有动力，有动力就能跑得快。"

Alice不禁莞尔:"你有一笔闲钱,存在银行里的话,除去通货膨胀率之后,收益率所剩无多;用以投资债券、股票等这类证券呢明显又不够,即使足够,自己一无精力二无专业知识,打理起来也很不方便。这个时候该怎么办呢?

"为了使这笔钱尽可能地增值,你就想到了和其他的十多个同样想要稳妥投资的人合伙投资。但是,所有的合伙人对于投资几乎都是一知半解,你们之间并没有一个专业人士能帮助大家操纵这笔钱进行投资增值。一筹莫展之际,其中有一个比较懂行的人建议定期从这笔资金中抽出一定比例,以雇佣一个投资高手,帮助大家打理金钱。这个提议很快得到了所有合伙人的一致认同,懂行的那个便作为众人推举出来的代表,和投资高手合作,并帮助处理投资过程中会遇到的大大小小的事务。当然,他也不可能白忙,于是,大家定期抽出的资金,除了支付给高手外,还要支付给这个懂行的人,作为他辛苦的报酬。日常生活中,我们通常将这样的事情叫做合伙投资。当合伙投资的模式放大,合伙人的数量扩大到100倍、1000倍的时候,基金也就形成了。"

fundation

基金有多可靠？

基金就是指发行基金的单位，通过向投资者发行收益凭证，将投资者手中的资金集中起来，由信誉良好的金融机构充当所募集来的资金的托管人，委托具有专业知识和投资经验的专家进行管理运作，将投资收益按照投资人的投资比例进行分配的利益共享、风险共担的集合证券投资方式。专家将基金广泛用于股票、债券、可转换证券等各种金融工具的投资，通过多元化运作降低投资风险，谋求资本长期、稳定的增值。

基金可靠之一

集合理财，体现规模效应。

基金通过汇集众多投资者的资金，积少成多，能够充分发挥规模的优势，降低投资成本，扩大投资收益。

基金可靠之二

专业化管理，避免盲目投资。

基金管理人拥有一个专业的投资研究团队和强大的信息网络，能够更好地对证券市场进行全方位的动态跟踪与分析。这些信息量是囊中羞涩的中小投资者所无法比拟的。

基金可靠之三

组合投资、分散风险。

个人投资者因为资金量有限，只能进行有限的几种投资，一旦遇到市场不稳定，业绩不佳的

时候，就容易亏本。投资基金却因为财力雄厚，可以以组合投资的方式进行运作，它通常会购买几十种甚至上百种股票，某些股票下跌造成的损失可以用其他股票上涨的赢利来弥补，不太可能看到满盘皆输的局面。

基金可靠之四

利益共享、风险共担。

基金投资者是基金的所有者，与管理人一起共担风险，共享收益。除了扣除由基金承担的费用，基金所有的盈余全部依照投资者所持基金份额，按比例进行分配后归基金投资者所有。

基金可靠之五

流动性强，变现性良好。

只要投资者愿意，随时可以向基金公司或商业银行等中介机构认购或者赎回基金，并且赎回时还可按照投资者希望的支付方式付账。

Lynn听到这里，突然想到了什么："那谁知道基金管理人拿了这么多钱都做了些什么呢，我们又不可能跑过去翻人家的账簿。"

"是啊是啊，"Iris也点头道，"基金管理人也是普通人嘛，万一'见钱眼开'怎么办？"

Alice笑道："你们这些倒还真不是多虑呢，好在我们国家的监管部门早就想到了。放心吧，我们的金融市场虽然起步比较晚，但有很多模式可以借鉴，各种制度还是比较完备的。"

基金监管之紧箍咒

中国证监会对基金业实行比较严格的监管，不仅严厉打击各种有损投资者利益的行为，并强制基金进行较为充分的信息披露。而基金管理人只负责基金的投资操作，其本身并不参与基金财产的保管。财产的保管由基金托管人负责。根据中国证监会规定，我国只有五大商业银行具有托管人的资格。也就是说，基金托管人独立于基金管理人而存在，两者之间相互制约、相互监督，这种制衡机制切实保护了投资者的利益。

基金市场"四巨头"

基金市场由基金管理人、基金托管人、基金投资人和基金服务机构四大项目共同构成。

我们通常将合伙投资活动中的牵头操作人称作基金管理人。在我国，它是经过中国证监会审批，具有募集资金资格的公司法人，全名是"基金管理"公司。和其他基金投资者一样，它也是合伙出资人之一，只不过，除了出资之外，它还要牵头操作。协调投资者和基金经理之间的关系，并出面处理基金运作过程中将会遇到的一系列杂事。

基金管理人就是根据法律和法规的规定，

凭借专门的知识与经验，承担基金具体的投资运作，在风险控制的基础上使基金投资者收益最大化的金融机构。

出于对这笔巨资安全性的考虑，大家请了一个擅长记账管钱又信用高的机构负责账目，这个机构就是银行。大家办了一个独立核算的专门账户，并委托银行代管（基金托管人）。从法律角度来说，哪怕是基金管理公司倒闭甚至托管银行出事了，向它们追债的人都没有权利碰这个专门账户的资产，它的保障性非常强。当然，银行既然出了力，就应该有报酬，于是大家每年都从合伙资产中抽出一点来支付银行的劳务费，这笔费用被称作是"基金托管费"。

"那是不是所有银行都能托管呢？"Lynn问到了重点。

"当然不是所有的。"Alice说，"根据《中国证券投资银行基金法》规定，基金资产必须是由独立于基金管理人的基金托管人保管的，在我们国家，目前也就只有中国工商银行、中国农业银行、中国银行、中国建设银行、交通银行五家商业银行符合托管人的资格条件。

托管人的职责

这五家商业银行的主要职责就是托管基金资产，按照基金管理人的指令负责款项收付、资金划拨、收益分配等。换句话来说，基金托管人是基金资产的名义持有人和保管人。

参与这次合伙投资活动的出资人就是所谓的基金投资人，这个很好理解。

至于基金服务机构，则是由专业的基金销售公司、基金代销机构和基金评级机构等构成的。

而基金投资者就是根据法律和法规的规定，持有基金份额的自然人和法人，是基金的出资者，也是基金投资收益的受益人。

"接下来说说基金的种类。"Alice继续给大家上课，"如果这次合伙投资的活动通过了国家证券行业管理部门的审批，那么这支基金就叫作公募基金。而只是在民间私下合伙投资，只面向少数机构或者投资者募集资金，并在出资人之间建立了完备的契约合同的，就是所谓的私募基金。"

私募Vs公募

私募基金的销售和赎回都是通过基金管理人与投资者私下协商来进行的,因此它又被称为向特定对象募集的基金。在我国,私募基金还未得到国家金融行业监管有关法规的认可。公募基金是在政府主管部门监管下,面向大众公开发行受益凭证的证券投资基金。

"那么具体的这个流程是如何来操作的呢?"Saron对这块越来越有兴趣,其他三人也听得投入。

Alice解释道:"倘若一支公募基金在规定时间内,达到了1000个投资人和2亿元的资金规模,就可以宣告成立了。成立时,所有合伙人约定:从现在开始,我们就不再吸收其他投资者了,所有持有基金份额的人,中途谁也不能撤资退出,直到X年X月X日,我们大家再分账散伙。如果谁想中途变现,只能私底下转给其他投资者。这种基金模式就是我们通常所说的封闭式基金。与之相反,假设这支基金宣告成立后,仍然有其他投资者随时出资入伙,原来的合伙人也可以随时部分或者全部撤出自己的资金和收益,那么,这种基金则称为开放式基金。"

封闭式基金Vs开放式基金

封闭式基金是指发行前确定发行总额（规模不低于1000个投资人和2亿元），发行后基金单位总数不变，持有人在封闭期内不能赎回，只能在二级市场上买卖单位的一种基金。

开放式基金是指基金发行总额不固定，单位总数随时变化，所有投资者可以随时向基金公司或者银行等中介机构提出申购或者赎回基金单位的一种基金。

无论是封闭式基金也好，开放式基金也罢，为了方便大家买卖转让，就需要交易所（证券市场）将基金挂牌出来，按市场价在投资者间自由交易，这就是上市的基金。

	封闭式基金	开放式基金
合约期限不同	有固定的封闭期,通常在5年以上,一般为10年或15年。	没有固定期限，投资者可以随时向基金公司或者银行等中介机构提出申购或者赎回。
交易方式不同	在封闭期内，投资者一旦认购了基金收益单位，就不能向基金管理公司赎回自己的投资，只能寻求证券交易所或者其他交易场所挂牌交易，将持有的基金单位转让给其他投资者,变现自己在基金上的投资。 **投资者←→投资者**	投资者要想买卖开放式基金,随时可以向基金管理公司或其代理人提出申购或赎回申请。交易方式较为灵活。 **投资者←→基金公司**

价格形成方式不同	买卖发生在证券二级市场上,其转让价格在交易市场随行就市,受股市行情、基金供求关系及其他基金价格拉动的共同影响。当需求旺盛时,交易价格会超过基金份额净值而出现溢价交易现象,反之则出现折价交易现象。	买卖的价格以每日计算出的该基金资产的净值为基础,这一价格不受证券市场波动及基金市场供求的影响。
规模限制不同	发行规模固定,在封闭期内,如果未经法定程序认可,不能随意增加新的基金单位。	没有发行规模限制,投资人随时可以申购新的基金单位,也可以随时向基金管理公司赎回自己的投资。也就是说,管理好的开放式基金,规模会越滚越大;相反,业绩差的开放式基金会遭到投资者的抛弃,规模逐渐萎缩,直到规模小于某一标准时被清盘为止。
激励约束机制与投资策略不同	封闭期内,不管表现如何,投资者都无法赎回投资,因而基金经理不会在经营上面临直接的压力,可以根据预先设定的投资计划进行长期投资和全额投资,并将基金资产投资于流动性较差的证券上,这在一定程序上有利于基金长期业绩的提高。	业绩表现好则会吸引新的投资,基金管理公司的管理费收入也随之增加;反之则面临赎回的压力,因此与封闭式基金相比,能提供更好的激励约束机制。但另一方面,由于份额不固定,不时要满足基金赎回的要求,开放式基金必须保留一定的现金资产,并高度重视基金资产的流动性,这在一定程度上会给基金的长期经营业绩带来不利影响。

相较于封闭式基金，开放性基金具有以下四个优势：

1 市场选择性强	如果基金业绩优良，投资者购买基金的资金流入会导致基金资产增加；而如果基金经营不善，投资者就会纷纷通过赎回基金的方式撤出资金，导致资产减少。规模大的基金整体运营成本并不比小规模基金的成本高，因此愿意买它的人更多，规模也就越大。这种优胜劣汰的机制对基金管理人形成了直接的激励和约束，投资者的收益率也就随之提高了。
2 流动性好	因为不受发行规模的限制，基金管理人必须保持基金资产充分的流动性，以应付可能出现的赎回，而不会集中持有大量难以变现的资产，减少了基金的流动性风险。对于投资者来说，可以随时根据自身的财务状况和市场情况申购/赎回自己的投资，便利性很强。
3 透明度高	除履行必备的信息披露外，开放式基金每日还需公布资产净值，随时准确地体现出基金管理人在市场上运作、驾驭资金的能力，因而对于能力、资金、经验均不足的小投资者有特别的吸引力。
4 便于投资	投资者可随时在各销售场所申购、赎回基金，十分便利。良好的激励约束机制又促使基金管理人更加注重诚信、声誉，强调中长期、稳定、绩优的投资策略以及优良的客户服务。

"Alice能不能帮我们举个例子呢？"Mavis的数学向来不好，一大堆数字灌进脑袋里，又开始犯糊涂了。

"其实很简单的。"Alice笑笑，"我给你算一笔账。"

如何认购开放式基金

购买首次发行的基金称为认购，以后的基金买卖称为申购和赎回。

举个例子：

Mavis将手上的1万元用于认购开放式基金，认购的费率为1%，基金份额面值为1元，那么：

认购费用=10000×1%=100元

净认购金额=10000-100=9900元

认购份额=9900元÷1=9900份

如何计算开放式基金的申购费用及份额

开放式基金申购时的费用及基金份额计算方法如下（假定申购费用由基金申购人承担）：

申购开放式基金采用未知价法，就是说基金单位交易价格是在行为发生时尚未确知（但当日收市后即可计算并于下一交易日公告）的单位基金资产净值。

举个例子：

Lynn将手中的5万元用来申购开放式基金，设申购的费率为3%，单位基金的净值为2元，那么：

申购费用＝50000×3%＝1500元

净申购金额＝50000-1500＝48500元

申购份额＝48500÷2＝24250份

"了解了基金的分类,下面我有一个问题要问,大家都觉得自己为什么要买基金?"

Mavis嘿嘿一笑:"我嘛,大家都知道,没什么积蓄,工资也不高,每个月除去开销之后,所剩不多。按照目前利率水平,通过投资基金打败银行存款收益,简直易如反掌。反正都是放银行,当然选收益高的那一种方式——基金咯!"

Iris想了想,道:"我有一笔积蓄想要投资,本来是想买股票的,但是,去了解了一下,市面上的股票有1400多只,还有很多叫人晕头转向的创新产品。与其自己盲目投资,还不如委托专业基金帮我来操作,我坐着赚钱就可以了。"

Lynn不假思索地道:"买股票太麻烦,每天4个小时交易时间,行情风云变幻,上班只能忙着做主业,根本来不及关注每时每分的股价走势,也搞不清什么时候该买进还是卖出,反正都用于投资生钱,干脆让基金经理来提供专业服务算了!"

Saron道:"结了婚的人啊,没年轻人那么野心勃勃,想的就是安安稳稳过日子,股票市场风云变幻,大跌大涨,我的小心肝也得跟着受罪,还是基金好,风险收益相对适中。"

contrast

fundation

与其他金融理财工具比一比

> 购买基金,就相当于付出很低的管理费,雇用了专业的团队帮你投资理财。因此,对于大部分普通家庭来说,基金是比较理想的理财工具。

	功能	风险/利益	税收	适宜人群
储蓄	结算+投资	低/低	利息应税	低风险投资者
保险	风险保障+长期稳定投资回报	低/较低	免税	低风险投资者
债券	一定期限的债权投资	视债券发行人信用水平而定	国债免税,企业债应税	国债免税,企业债应税
股票	股权投资	高/高	应税	一定风险承受能力的投资者
基金	分散化证券投资	相对适中	免税	满足多种风险偏好的投资者

Alice负手，气定神闲："孙子兵法曾说'知己知彼，百战不殆；不知彼而知己，一胜一负；不知彼，不知己，每战必殆'。什么意思呢？就是说在军事纷争中，既了解敌人，又了解自己，百战都不会有危险；不了解敌人而只了解自己，胜败的可能性各半；既不了解敌人，又不了解自己，那每战都必输无疑了。这则兵法在我们一生的理财规划中同样适用，只有既知道自己对风险的承受水平和财务状况，又弄清楚每种基金的风险收益特点之后，才可以合理地将两者相匹配，成为投资理财中最大的赢家。

所谓的'知己'就是在投资之前，弄清资产状况：你的家庭净资产有多少？你准备支出多少用于投资基金？你的基金投资占净资产的比例符合标准么？准备投资的期限有多长？期望这笔投资能给你带来多大的收益？又能为这笔投资承担多大的损失？"

Saron插话道："这个我知道，一张个人/家庭资产负债表和个人/家庭现金流量表就可以搞定了。"

Alice点头："是这样的，根据具体全面完整的财务报表弄清家里的资产状况，然后，根据你所处的人生阶段构建一个合理的基金投资组合。因为不同年龄段的人，他们的理财需求和人生规划都不尽相同，只有针对不同阶段的特点，合理地配置自己的基金持有比例，手中的基金才能真正地化为己用。"

Iris问："具体有哪些阶段啊？"

Alice侃侃而谈："一般说来，可以将人生分为五个不同的阶段：单身期、家庭形成期、家庭成长期、家庭成熟期、退休期。"

知己知彼，百战不殆

基金战略的第一堂课

对于普通老百姓来说，我们并不是专业人士，不能像专业选手那样在基金战场上厮杀，唯一盼望的就是依靠基金的助力，让我们积攒下来的存款在保值的前提下，小有盈余。但是，无论世人将基金鼓吹得有多厉害，它也不过是一个投资工具，其"好"与"坏"都是针对它的持有者而言的。持有者的年龄不同，需求不同，风险的承担能力和风险偏好也不同，自然，他所适合的基金类型也与别人不一样。持合适的基金，事半功倍；反之，则事倍功半。

那么，我们如何才能知道一支基金到底适合不适合自己呢？

"比如Iris就正处于单身期,刚刚告别学生时代,开始职场生涯,一切都处于起步阶段,开支常常没有节制。因此,有计划、有条理地安排自己的收入和支出,适度消费,在有序的日常生活之外,还要从为数不多的存款内抽出一部分进行投资,为以后的投资准备本钱和积累经验。"

In different periods

单身期选择什么基金最好?

处于单身期阶段的人在资产搭配方面应该采取的策略是:积蓄的60%用于投资风险大、长期回报高的股票、基金等金融品种;20%选择定期储蓄;10%购买保险;10%存为活期储蓄,以备不时之需。

Saron灵光一闪:"这样说来,我大约是处于家庭形成期吧!"

见Alice含笑点头,Saron继续说下去:"刚刚和自己的另一半筑起温馨爱巢,开始了无比幸福的浪漫二人世界。可是,为了提高生活质量,时常支付较大的家庭建设费用,如购买一些较高档的生活用品、每月还购房贷款等。而且,还要想着给宝宝存钱……哎,像我这种情况该如何搭配投资工具的比例呢?"

家庭形成期选择什么基金最好?

处在这个阶段的人大都消费观念时尚,用卡消费频繁;购房、购车需求强烈;资产增值愿望迫切,并且有一定的风险承受能力,因此,搭配策略是:将积累资金的50%投资于股票或成长型基金;35%投资于债券和保险;15%留作活期储蓄。

Saron仿若醍醐灌顶,连忙找到纸和笔来记下。Alice微微一笑,继续说道:"伴随着爱情的结晶呱呱坠地,生活又进入到了一个崭新的阶段——家庭成长期。家庭的脉搏因为小生命的茁壮成长而更加有力地跳动。我们的财务规划也因之而改变。"

家庭成长期选择什么基金最好?

将资本的30%投资于房产,以获得长期稳定的回报;40%投资股票、外汇或期货;20%投资银行定期存款或债券及保险;10%是活期储蓄,以备家庭急用。

随后,孩子在父母的呵护下慢慢长大,教育费用和生活费用猛增,财务上的负担异常严重起来。我们必须要改变投资战略以应对新的环境。将积蓄资金的40%用于股票或成长型基金的投资,但要注意严格控制风险;40%用于银行存款或国债,以应付子女的教育费用;10%用于保险;10%作为家庭备用。

"那么等孩子长大了呢?" Saron似乎已经穿越到未来20年后。

"孩子自立了,家庭的债务也逐渐减轻,自身的工作能力、经济状况都达到高峰状态,小家庭已经走到了人生的巅峰状态——家庭成熟期。"

家庭成熟期选择什么基金最好?

因为你已经迈进了人生的后半阶段,万一风险投资失败,就会葬送一生积累的财富。因此,必须要将进取型的投资策略弃掉,而改选温和型的投资策略:可投资资本的50%用于股票或同类基金;40%用于定期存款、债券及保险;10%用于活期储蓄。

"退休了,新的生活也开始了。此时,正是你享受一生耕耘成果的时候。保本变得比什么都重要,风险投资已经不再适合于你。"Alice继续说。

退休期选择什么基金最好?

在资本配置上:可投资资本的20%用于股票或同类基金;60%用于定期存款、债券及保险;20%用于活期储蓄。了解了你所处的人生阶段以后,先别忙着去买基金,还要考虑个体差异的存在。这里面最重要的两个方面就是个人的风险偏好和风险承受能力。

众人茫然。Iris咬牙，道："打个比方说我，我的确正处于单身期，但是我的性格比较温吞，心理素质不强，风险承受能力比较弱，你刚才所说的将资产中的60%用于投资股票、基金等风险大、长期回报高的金融工具就明显不适合于我。因此，考虑到自身的状况，我应该适当将高风险投资减少，而增加存款债券等稳定性高、收益小的投资工具。是这个意思吗？"

Alice面带赞许："是了，就是这样。基金投资，并不是一个简单的申购与赎回过程，投资者在投资前必须要根据自己和家庭的人生阶段、理财需求以及个人的年龄、收入、性格等等方面出发，综合权衡，才能选出适合的产品。"

你了解自己能承受多大的风险吗？

了解自己包含了解自己的风险偏好和风险承受能力两方面。投资人所处的环境和性格影响着他的风险偏好和风险承受力，这也决定了他的投资方向。你必须要正视自己的性格与风险承受能力，才能结合所处的人生周期，进行合理的资产配置，才能让你的人生财务规划科学、有序。

> 性格、经济状况、职业、技术等都将影响你的风险偏好,继而左右你的投资模式。我们在定位自己的风险偏红时,必须要借助一些专业的测试来帮助自己进行判断。我们来做一个个人风险承受力的小测试吧。

---

1. 你购买一项投资,在一个月后跌去了15%的总价值。假设该投资的其他任何基本面要素没有改变,你会

(a)坐等投资回到原有价值。

(b)卖掉它,以免日后如果它不断跌价,让你寝食难安,夜不成寐。

(c)买入更多,因为如果以当初价格购买时认为是个好决定,现在应该看上去机会更好。

2. 你购买一项投资,在一个月后暴涨了40%。假设你并找不出更多的相关信息,你会

(a)卖掉它。

(b)继续持有它,期待未来可能更多的收益。

(c)买入更多,也许它还会涨得更高。

3. 你比较愿意做下列哪件事:

(a)投资于今后六个月不断上升的激进增长型基金。

(b)投资于货币市场基金,但会目睹今后六个月激进增长型基金增长翻番。

have a test for yourself

4. 你是否会感觉好，如果

（a）你的股票投资翻了一番。

（b）你投资于基金，从而避免了因为市场下跌而会造成一半投资的损失。

5. 下列哪件事会让你最开心

（a）你在报纸竞赛中赢了100,000元。

（b）你从一个富有的亲戚处继承了100,000元。

（c）你冒着风险，投资的2000元期权带来了100,000元的收益。

（d）任何上述一项，你很高兴有100,000元的收益，无论是通过什么渠道。

6. 你现在住的公寓马上要改造成酒店式公寓。你可以用80,000元买下现在的住处，或把这个买房的权力以20,000元卖掉。你改造过的住处的市场价格会是120,000元。你知道如果你买下它，可能至少要花六个月才能卖掉，而每个月的养房费要1200元。并且为买下它，你必须向银行按揭支付头期。你不想住在这里了。你会怎么做？

（a）就拿20,000元，卖掉这个买房权。

（b）先买下房子，再卖掉。

7. 你继承了叔叔价值100,000元的房子，已付清了所有的按揭贷款。尽管房子在一个时尚社区，并且会预期以高于通货膨胀率的水平升值，但是房子现在很破旧。目前房子正在出租，每月有1000元的租金收入。不过，如果房子新装修后，租金可以达到1500元。装修费可以用房子来抵押获得贷款。你会
（a）卖掉房子。
（b）保持现有租约。
（c）装修它，再出租。

8. 你为一家私营的呈上升期的小型电子企业工作，公司在通过向员工出售股票募集资金。管理层计划将公司上市，但至少要四年以后。如果你买股票，你的股票只能在公司股票公开交易后方可卖出。同时，股票不分红。公司一旦上市，股票会以你购买的10-20倍的价格交易。你会做多少投资？
（a）一股也不买。
（b）一个月的薪水。
（c）三个月的薪水。
（d）六个月的薪水。

9. 你的老邻居是一位经验丰富的石油地质学家，他正组织包括他自己在内的一群投资者为开发一个油井而集资。如果油井成功，那么它会带来50-100倍的投资收益；如果失败，所有的投资就一文不值了。你的邻居估计成功概率有20%。你会投资：

（a）不作任何投资。

（b）一个月的薪水。

（c）三个月的薪水。

（d）六个月的薪水。

10. 你获知几家房产开发商正积极地关注某个地区的一片未开发的土地。你现在有个机会来买部分这块土地的期权。期权价格是你两个月的薪水，你估计收益会相当于10个月的薪水。你会：

（a）购买这个期权。

（b）随便它去，你觉得和你没关系。

11. 你在某个电视竞赛中有下列选择，你会选：

（a）1000元现钞。

（b）50%的机会获得4000元。

（c）20%的机会获得10,000元。

（d）5%的机会获得100,000元。

12. 假设通货膨胀率目前很高，硬通资产如稀有金属、收藏品和房地产预计会随通货膨胀率同步上涨，你目前的所有投资是长期债券。你会

（a）继续持有债券。

（b）卖掉债券，把一半的钱投资基金，另一半投资硬通资产。

（c）卖掉债券，把所有的钱投资硬通资产。

（d）卖掉债券，把所有的钱投资硬通资产，还借钱来买更多的硬通资产。

13. 你在一项博彩游戏中已经输了500元。为了赢回500元，你准备的翻本钱是：

(a) 不来了，你现在就放弃。

(b) 100元。

(c) 250元。

(d) 500元。

(e) 超过500元。

计算方式如下：

1 (a) 3 (b) 1 (c) 4

2 (a) 1 (b) 3 (c) 4

3 (a) 1 (b) 3

4 (a) 2 (b) 1

5 (a) 2 (b) 1 (c) 4 (d) 1

6 (a) 1 (b) 2

7 (a) 1 (b) 2 (c) 3

8 (a) 1 (b) 2 (c) 4 (d) 6

9 (a) 1 (b) 3 (c) 6 (d) 9

10 (a) 3 (b) 1

11 (a) 1 (b) 3 (c) 5 (d) 9

12 (a) 1 (b) 2 (c) 3 (d) 4

13 (a) 1 (b) 2 (c) 4 (d) 6 (e) 8

得分率：

21分以下，偏向保守。

21－35分，风格中庸。

35分以上，投资激进。

  既然是投资，就需要面对风险。不过，根据年龄、风险偏好、财务状况、资金来源、所承担的人生责任等的不同，每个人承受风险的能力也不同。不过，无论是谁，只要面临的风险超过了他的承担限度，风险便会变成压力或是负担，严重的甚至会造成心理上的伤害。通常来说，我们将个人风险承受能力的范围界定在这项投资能否让你安稳入睡。

  有些人可能会觉得好笑，想要睡个好觉，直接把你的钱存到银行里就可以了。可是，考虑到通货膨胀，存在银行里的本金虽然不会有损失，货币的贬值却会让你成为输家。而选择风险较高的投资工具，你又会因未来不确定的报酬担忧得吃不香、睡不好，常常被市场的涨跌无常而胆战心惊。为了避免这些情况，在投资前，你必须要对自己能否承担风险，能够承担到什么程度做一个科学的评估，在风险和收益间找到一个平衡点，这个平衡点就是你的风险承受能力。

Test

最后，Alice总结道："好的理财应该是全面评估个人和家庭的风险承担能力及风险承担意愿后，接受可承担的风险以换取较高的长期回报。因此，它并不能完全避开风险，倘若完全避开风险，那么就注定了没有高收益。但是也不意味着每个人都应该去冒险，每个人都有各自的风险承受意愿和风险承受能力，有些人不适合承担过高的风险。简单地建议所有的人'不要存银行'或者'不要买股票'都是不正确的。"

"投资100法则"

在基金理财的投资组合上，有一条非常简单易行的"投资100法则"，即"理财投资组合中风险资产比例=100-年龄"。

这条简单的公式告诉你如何确定你的高风险投资的比例，并且更直观地体现了年龄与风险的反向关系，年龄愈大，所承担的风险应逐渐降低。也就是说，100减去你的年龄，就是应该投资于股票基金等风险较高基金的比例，其余部分可投资风险低的稳健型品种如债券型基金。

例如一个30岁的人，可以将70%的资产投资于股票型基金上；到了60岁，这类资产的比例就应当降到40%以下了。市场不景气时，可适当增加稳健型品种比例。

investment

风险承受力评估表
根据下表,可以综合得出你的风险承受力的分数。

	1分	2分	3分	4分	5分
当前年龄(岁)	66以上	51~65	36~50	26~35	18~25
以往投资经验	1年以内	1~2年	3~5年	6~9年	10年以上
预计投资年限(年)	1年以内	1~2年	2~3年	3~5年	5年以上
关注投资收益和安全	非常安全	比较安全	平衡	较高收益	很高收益
关注收益波动与平稳	非常平稳	比较平稳	平衡	小幅波动	大幅波动

23~30分,可承担高风险;可投资具有高收益、市场价值波动较大的基金产品。

15~22分,可承担中等风险,适宜投资有较高收益、市场价值温和波动的基金产品。

8~14分,可承担的风险较低,适宜投资保本低收益、市场价值波动不大的产品。

各人做好上面的测试以后，脸上都是喜忧参半。

Alice继续说："当你评估完自身的风险承受能力之后，'知己'这堂课也就结束了。记住，健康的理财方式源于正确的理财观念，只有客观地审视自身的财务状况，了解自己所处的人生阶段，明确每一阶段的理财目标，再评估自己的风险承受能力之后，才能将三者配合起来，合理地搭配出适合自己的投资工具持有比例配置。"

"'知彼'是基金大学的第二堂课。那么，这个'彼'到底是需要我们知道些什么呢？知彼通常有五个阶段。第一个阶段就是弄清基金的分类，知道哪一种基金类型更适合自己，然后选择相应风险收益水平的基金品种。"

Mavis举手，道："根据投资方向不同，基金可以分为股票型基金、指数型基金、混合型基金、债券型基金、货币型基金、保本型基金六大种类。"

Alice点头："根据投资方向的不同，五大基金的风险和收益率也不尽相同。投资者应该根据自身的状况，选择适合的基金。比方说，你的风险承受力强，同时，你所处的人生阶段也允许你做一些高风险的投资，那么，你可以多购买一些股票型基金；反之，你的风险承受力较弱，就可以考虑多配置一些稳妥型的货币型基金或者债券型基金。"

The second class

基金战略的第二堂课

开放式基金分类表

类别	定义
股票型基金	主要投资于股票的基金,其股票投资占资产净值的比例≥60%。
指数型基金	以某一指数的成分股为投资对象的基金,属于被动投资,跟踪指数投资,其投资风险来自于指数风险。
混合型基金	投资于股票、债券以及货币市场工具的基金,且不符合股票型和债券型基金的分类标准。
债券型基金	主要投资于债券的基金,其债券投资占资产净值的比例≥80%。
货币型基金	主要投资于货币市场工具(包括短期债券、央行票据、回购、同业存款、大额存单、商业票据)的基金。
保本型基金	基金招募说明书中明确规定相关的担保条款,即在满足一定的持有期限,为投资人提供本金或者收益的保障。

综合来看一下：

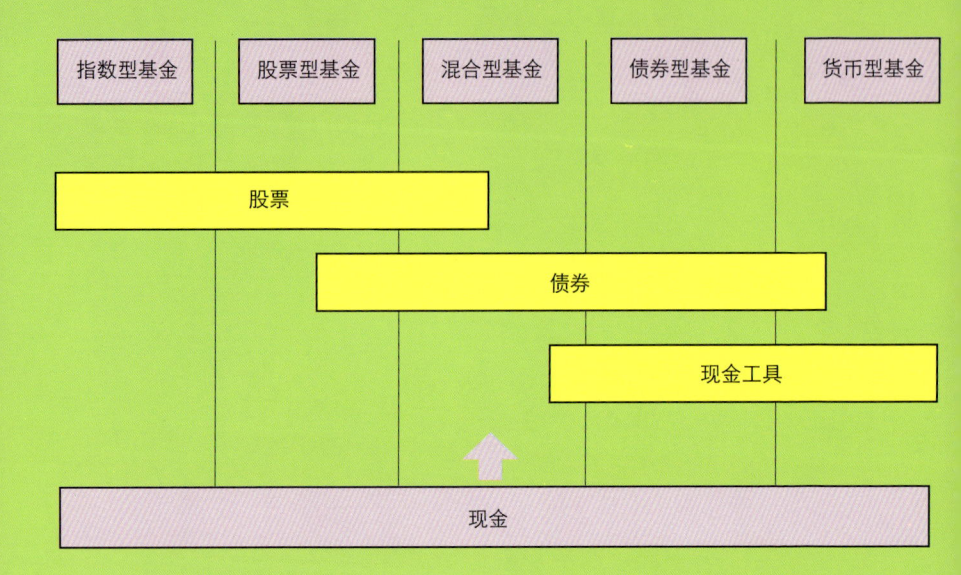

| 指数型基金 | 股票型基金 | 混合型基金 | 债券型基金 | 货币型基金 |

股票

债券

现金工具

现金

开放型基金风险收益水平表

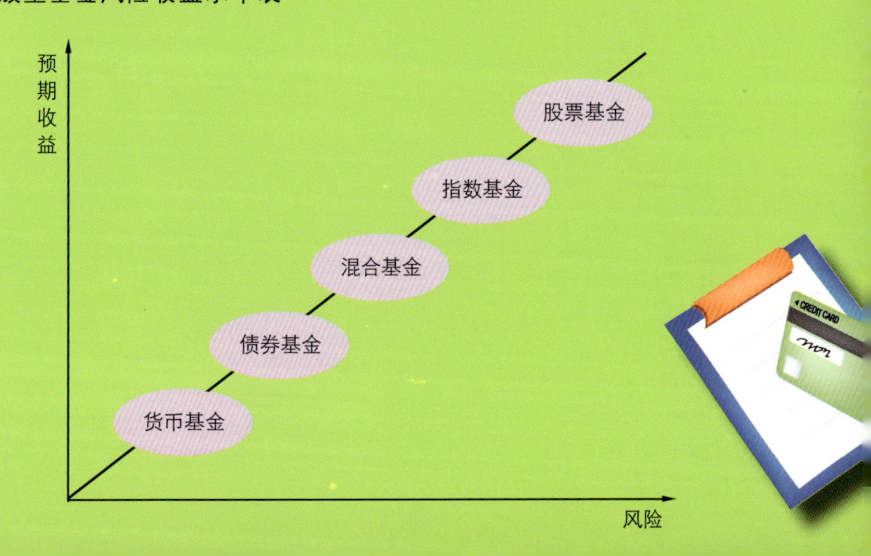

预期收益

股票基金

指数基金

混合基金

债券基金

货币基金

风险

"知道了适合自己的基金品种后，我们选择基金时就有了方向。"Alice在图纸上画好收益水平表给大家看，"在确定的基金品种中寻找具有长期投资业绩的基金，以及具有品牌价值的基金管理公司。我们在寻找长期投资业绩的基金时，不妨依靠专业的基金评级机构。投资前，我们可以综合使用机构的评级来帮助自己在市场中找到中意的基金品种。"

"星级"基金管理公司

在了解基金公司方面，了解的重点并不单单只是它自身的业务发展和盈利能力，更重要的还要了解基金公司旗下的基金能否稳健地持续盈利，公司是否重视投资者的利益，其投资策略能否给投资者带来丰厚的回报等等，这些都是给决策提供判断依据的有力条件。

一家基金管理公司的管理是否规范、管理者的水平是高还是低都将直接影响到这支基金持有人的最终收益。那么，如何判断一家基金公司到底好不好，值不值得我们相信，能不能最大化地给我们带来收益呢？

MM们应该从以下四个方面去了解:

1.资金运作和管理是否规范,这是保障基金资产安全的首要条件。

具体说来,可以从以下几个方面入手:

①通过基金招募说明书,了解公司管理层的基本信息、独立董事的情况等。

②在该公司的网站上查看其旗下其他基金的管理、运作及相关信息的披露是否全面、准确、及时。

③通过公开的媒体信息了解基金管理公司的市场形象,对投资者服务的质量和水平。

2.历年来的经营业绩,是一家基金公司投资能力的最佳证明。

对于一般投资者来说,我们可以运用一个简单易行又直观的方法——通过这支基金的累计净值增长能力来判断基金的业绩。

但是,由于各基金的设立时间不同,期间市场的波动较大,其累计净值增长会有一定的差异,因此,投资者最好是参考这家基金公司旗下的基金自成立以来平均净值增值率和总的分红能力后,再决定是否购买。

3.基金公司设立的产品线的完善程度如何也是需要考察的内容。

因为选择一家拥有完善产品线的基金公司,

其内部都可以实现不同类型基金之间的转换，而这种转换可以在投资者想要更换所持基金品种时，降低付出的成本。

4.分析基金的投资策略，了解基金经理的投资思想及其把握时机的能力。

因为，在一家基金公司中，基金经理扮演的角色相当于人体中的大脑，掌控投资人资金的操作大权，是基金投资成败的关键。基金经理的能力不佳，就会直接导致基金业绩不理想，从而使投资人的资金发生亏损；反之，若基金经理能力强，则可以让投资人获得较理想的投资报酬率。

four points

如何知道这名基金经理人是否值得你信赖呢？

MM们应该从以下三个方面去了解：

1. 扎实的投资研究功底。

基金经理的工作是对基金的投资做出良好的资产配置，因此，基金经理的投资研究功夫是否扎实非常重要。

2. 丰富的市场投资经验。有句老话说，不经历战场的洗礼，不了解战争的残酷性。

同样，唯有亲身经历过多头和空头的洗礼的基金经理管理的基金，才能为投资人谋取最大的收益。

3. 严谨的道德操守。

做事先做人，这对于掌管着庞大资金的基金经理人而言尤其重要。一个道德堕落的人，其职业操守必然败坏。唯有作风严谨，诚实信用的基金经理人才值得我们放心地将辛辛苦苦攒下的本钱交给他。

"经过了重重筛选,大家心里大抵已经有自己中意的基金了吧。"Alice说,"不过,别忙着下手,为了辛苦钱不'打水漂',还需要给自己的基金配置一个安全锦囊——它的名字就叫做'分散投资'。"

"分散投资?"Saron不解道,"能有多安全呢?"

"它可以帮你把风险减至最小!"

基金的"安全锦囊"

尽管已经通过专业团队管理,基金的投资依然如同其他任何一种投资方式一样,存在着一定的投资风险。为了使风险减至最小,我们在投资时,尤其不能将全部可用作基金投资的资金都投入到一支基金里,因为,一旦所选择的这支基金不景气,我们的辛苦钱就会全部"打水漂"。

正确的做法是尽可能地把资金按投资目标分散投资,购买不同的基金,从而形成个人的投资组合。这个组合的建立必须要根据投资者个人的投资目标、可投资金数量、不同类型基金的运行特点、投资方向,结合具体基金的评价结果综合考虑后再定夺。并且,购买以后,还需要根据情况的变化适时进行调整,这样才能通过基金的有效组合与管理,实现收益的最大化。

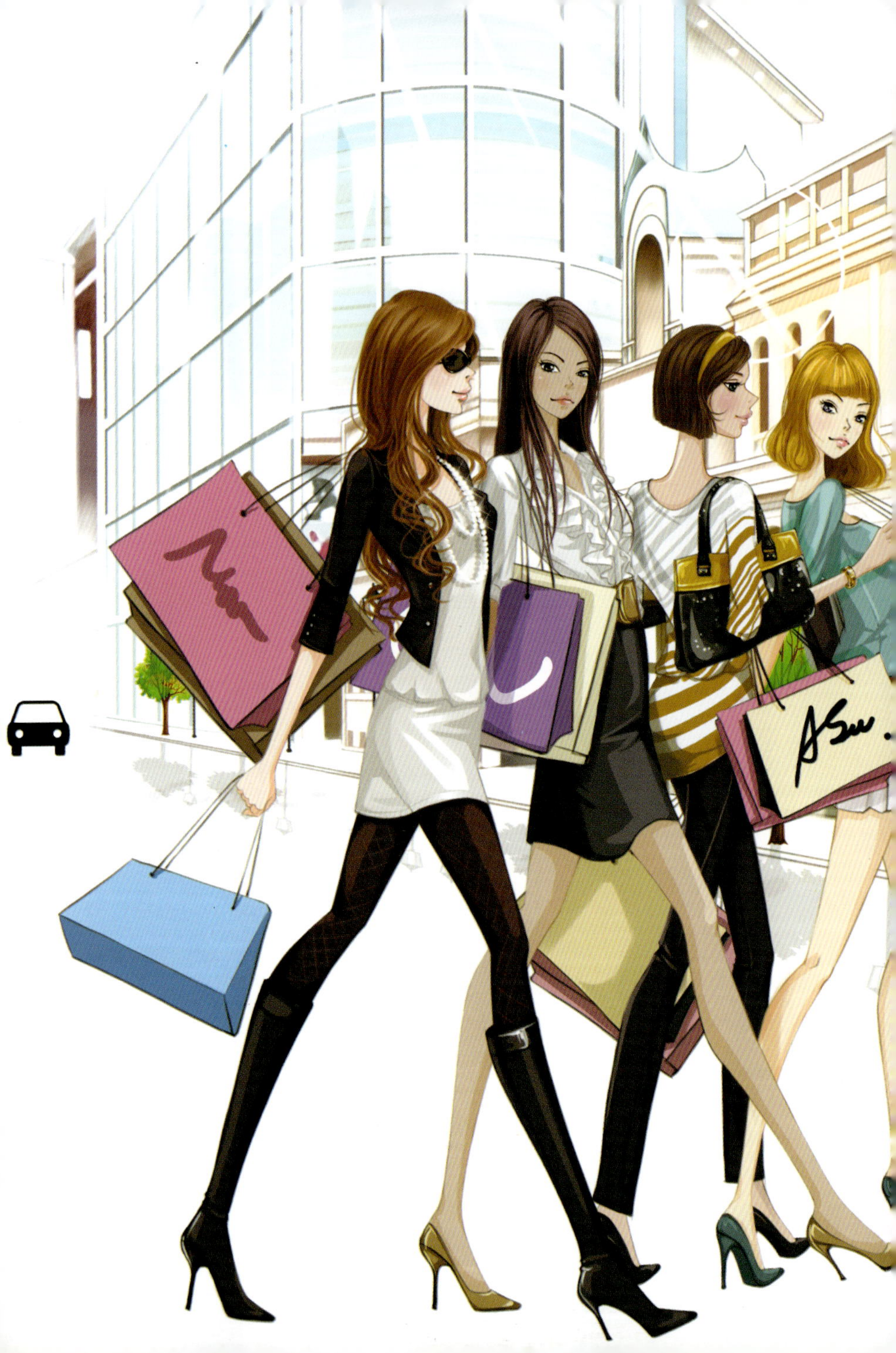

■ 从今天开始，让月光公主成为过去式

Part Five

月光已过时，NONO正当道

say no !

算算日子，国庆长假在昨天就已经结束了，今天是正式上班的第一天。Mavis穿着CHANEL的职业套装，手上拎着LV的包包，脚上蹬的是一双MiuMiu的羊皮靴。这一身金光闪闪的装扮果然为她赢来了不少艳羡的眼光，Mavis像骄傲的女王那样昂着头、挺胸收腹，仪态万千地穿越过来自四面八方的目光。她的虚荣心像海绵一样迅速地膨胀到了最大。

伴随着虚荣心，Mavis的心中莫名升起了一缕烦躁。就在不久前Mavis曾当着众姐妹的面，赌咒发誓要为自己攒点钱。可事情才过去没多久，一年一度的国庆长假又到了。损友Lucy怂恿她去香港购物，Mavis觉得自己反正也是闲着，不如一起去看看。没想到，这一看就看出问题了：公司刚发的万把块钱的奖金在兜里还没捂热，就全部都贡献给香港财政署了。除此之外，为了把现在肩上背着的最新款LV包包带回来，Mavis还向Lucy借了2000元的外债……

要是让Iris和Saron知道她又大手大脚地花钱……可是，她们能不知道么？Mavis下意识地看了一眼包包上的Logo，心底如压了一块大石一般，越发心烦意乱。

说曹操，曹操到。Saron的声音在Mavis耳边悠悠地响起："Hi，Mavis，你这个月……咳咳……又花光光了吧！"

Mavis头皮一麻，尴尬道："嗯……我就是觉得这衣服挺不错的，一冲动就买了！"

"冲动是魔鬼啊！上次是谁指天咒地地说再也不当月光公主的啊？！怎么才没多久就忘记了呢？"

月光公主座右铭: "富,富不过三十天;穷,穷不过一个月。"

他们年轻、时尚,有知识、有头脑、有能力,大多有一份稳定的工作;却花钱大手大脚,毫无精打细算的观念;既不爱存钱,也存不了钱。他们秉承着"能花才会赚"的理念,每个月都将不菲的薪水花光用光,正所谓"月初风光月底凄惨","上半月随心所欲,下半月囊中羞涩"。富,富不过三十天;穷,穷不过一个月是他们生活的真实写照。因为他们认为在得到一个体面的存款数字的同时,失去的是金钱带来的快乐,那么还不如去做快乐的穷光蛋;反正自己有能力赚钱,今天赚到的钱今天花完了,明天要花的钱还可以明天再赚!这就是所谓的都市"月光族",这个族群当中的女同胞们通常被人们戏称为"月光公主"。

此时，一只柔软的手搭在Mavis的肩上，几乎把她吓得魂飞魄散，定睛一看原来是Lynn。Mavis松了一口气，似乎又觉得有什么不对劲。她绕着Lynn来回转了足足两圈，露出难以置信的表情指着Lynn哑然："你……"

Lynn耸耸肩，若无其事地冲Mavis笑了笑。走在后面的Iris气喘吁吁地赶上她们，她仔细打量今天Lynn身上款式简单、细节别致的T-Shrit和牛仔裤的组合，好半天才发表评论道："你转型了吗？不走金牌职业经理人的style了？"

Mavis也说："Lynn你不是去国外度假了吗？没有像以前一样大肆采购一堆吗？"

Lynn轻笑道："本来是有这种打算的，钱都准备好了，就等着一到国外立马开始血拼的。没想到，到了那边，和几个老同学一聚，才发现国外的年轻人现在都不时兴奢华的装束了。大街上，个个都是一身简单随意地打扮，谁要追逐、迷恋品牌，把自己堆砌在品牌堆里，谁就俗不可耐。"

Mavis的脸涨得通红，虽然知道Lynn并不是针对某一个人，她的心里还是不好过。

"没办法啊，我只好入乡随俗了。你别说，这种简简单单的棉质衣服穿起来还真舒服。所以，我决定了，从此以后买东西，品牌是次要的，质量和穿着舒适才是首选！"

Saron在办公室里听到了她们三人的谈话内容，插话道："Lynn，你不是在说NONO族吧？！"

"NONO族？！"Mavis和Iris异口同声地道。Iris心直口快，问道："NONO族是什么啊？知道月光族——比如Mavis，知道御宅族——比如我，知道乐活族——比如Saron，知道奢华族——比如Lynn……呃，好吧，是以前的Lynn，反正我还是第一次听说NONO族。真新鲜！"

Saron摇摇头，不是很确定地说："貌似指一群虽然拥有相当强的经济实力，却远离和唾弃名牌的人。"

Lynn笑道："说得很好嘛，Saron。一切从简，返璞归真。拒绝名牌，倡导理性消费、简约生活的新节俭主义——这就是NONO族啊！"

NO Logo

拒绝品牌

在加拿大记者娜奥米·克莱恩(Naomi Klein)所著的《拒绝名牌(No Logo)》一书中,娜奥米通过对自己是如何由一个昔日迷恋名牌的美少女,长成彻头彻尾的NONO族的记叙,揭示了当今世界疯狂的消费状况,毫不留情地批判着人们在近半个世纪以来的名牌崇拜情结,同时,通过对都市人当中盛行的奢华铺张的行为的讽刺,大力倡导了一种理性消费、简约生活的新节俭主义之风!

如今,越来越多的月光族和BOBO族脱胎换骨,加入到娜奥米的行列,他们分布在世界各地,仅靠着同一信念和相同的生活方式团结在一起。

抛弃了千人一面的品牌、艳丽的妆容、对所谓的"时尚"的跟风、精致有品味的小资生活方式,信奉素淡、硬朗、大轮廓,依稀可见男性的随性洒脱,小细节又不失女性的典雅别致。在他们看来,线条简约就是美,朴素自然就是美,舒适随意就是美,适合自己就是最美!

也正是由于这种不动声色的时尚感、不通过品牌堆砌的优越感,令世人将他们称为——"都市中的低调贵族"!

Mavis把手放在桌子底下，来回摩挲着她崭新的LV提包。嗫嚅地开口，她道："Lynn，你不是自诩时尚第一潮人么？打扮得跟一村姑似的'新节俭主义'——老实说，我接受不了。亏你还是咱公司里时尚主义的风向标呢！"

　　Iris反对道："女人为了漂亮而打扮自己天经地义，无可厚非！可是，人们常说'好看不过素打扮'！既然素面朝天都能很漂亮，你把自己埋在一堆小山似的名牌装备里面，被金钱压得透不过气不说，还吃力不讨好，这是何苦来哉？！你平常动不动就把个性挂在嘴边，殊不知潮流程式化就是湮没个性的元凶！"

　　Lynn在一边笑而不语，Saron则坦率地说出自己的观点："Lynn这样挺好的，穿着大方简洁，化妆也清爽自然。对现代人来说，最好的生活方式是无论吃穿住行，都只要追求内在的充实和不动声色的优越感就好，而不是天天像T台秀那样，靠奢靡华丽的外表来标榜自己。NONO族从头到脚，从外到里都推崇一种简单就是美的新节俭主义之风，和现在我们国内大力倡导的理财文化倒是有些异曲同工之妙。"

　　Lynn接着Saron的话说道："或者，从某些角度来说，NONO族的生活方式与理念更适合我们所处的时代。现在总说理财理财，理财的第一步就是开源节流、量入为出，以便攒下人生中的第一桶金，之后在钱生钱、利滚利的过程中使自己成为一个有钱人。这样的思维模式并没有错，错的是它把你的人生模式化了，从而忽略了人生的意义。"

见其余三人皆是一脸迷茫的样子，Lynn难得耐心地逐句解释起来："我记得Mavis曾经说过一句，'人生只有一次，如果不能随心所欲地支配自己的生活和金钱，那还有什么意思呢'？的确，如果我们盲目地为了攒钱而节衣缩食，降低自己的生活水平，为了所谓的理财而忙忙碌碌，在身心疲惫中失去了自我，那你的人生还有什么意义呢？"

NONO族的理财观念

NONO族最大的特点是知道什么是自己要的，什么是自己不需要的。他们在日常生活中的精打细算是秉持着一种更理性务实的态度，在不浪费也不降低生活质量的前提下，通过合理分配消费支出、优化消费结构，用最少的金钱获得最大的愉悦和满足。而不是像"理财文化"的某些追捧者那样节衣缩食，一切以攒钱为中心，以理财为落足点，把自己的生活弄得局促无比，人生则寡然无味，跟葛朗台似的整个人都掉钱眼里了。到头来，钱可能是有了，人却没了；或者，人还在，却对生活彻底地失去了兴趣。

在片刻的沉寂后，掌声噼里啪啦地响了起来。Iris激动了："太好了。说得太好了！我也要当NONO族里的一员！"说着，她招呼Mavis道，"Mavis，还在等什么？一起吧！难道你还舍不得你那破'月光公主'的名头？"

Lynn也点头道："Mavis现在生活上的窘迫完全是因为生活方式和消费观念不正确造成的。所以，要想改头换面，首先要做的就是重塑自己的消费观和价值观。NONO族在这一方面绝对是站在时尚大潮的最前沿，讲究的就是一边理财，一边享受惬意生活。"

时尚理财两不误

NONO的火把从遥远的北美洲漂洋过海而来，一时间，受到了许多都市人的追捧，尤其是原来的"月光"、"BOBO"等族更是趋之若鹜，唯恐落在后面。用他们的话来说，以前是收入高，追求高，对奢侈品的需求更高，以至于工作了好几年，经济依然捉襟见肘。而现在，加入NONO族就像给深陷在"月光沼泽"中的自己寻求到了一条"生存突围"的最佳方式：摒弃"面子型"的对奢侈品的追求，压缩不该花的开销，既不耽误"与时俱进"，又能帮助自己攒钱，生活变得简约而不简单，时尚与理财两不误！

量入为出，
月光族的脱胎换骨

几个女人平时对于攒钱都有自己的一套心得，尤其是Saron和Iris。她们俩一致认为Mavis要想摘掉"月光公主"的名头，首先要做的事情就是"开源节流"和"量入为出"。

Mavis听着她们叽叽喳喳地讨论得热火朝天的，时不时吐出几个时兴的理财术语，一时间，觉自己头如斗大。她自己平时连对金钱都没有什么概念，这些专业术语听到她耳朵里无异于在听火星人对话。

Saron最是善解人意，见Mavis在一旁一会儿龇牙咧嘴，一会儿唉声叹气，心中已经明白了Mavis的苦衷。她用了一个形象简单的比方，让Mavis能听明白。

"我们把财富比作一个大水库，你的收入就是注入这个水库的河流，收入越高，收入的方式越多，河流的水流就越大，注入财富水库的水自然也就越多——这就代表着你越有钱。这里面包含的就是'开源'的意思。而所谓的'节流'就是说，花出去的钱就是流出去的水，所以你要尽量压缩不必要的支出，让收支平衡。之所以要说'量入为出'，是因为最终决定财富量的不是你的收入，而是支出。无论你多有钱，如果没有节制地消费，你都会变成穷光蛋。"

开源+节流=理财

某个人或机构根据当前实际的财务状况,设定想要达成的经济目标,在限定的时限内采用各种金融投资工具,达成所设的经济目标的过程,就是我们通常所说的理财。简单地说,理财就是管理好拥有的财富。那么如何管理呢?最基本的方法莫过于开源节流!

为了更好地解释"开源节流"这个词语,我们首先要引入一个非常流行的比喻——"人一生的财富就像一个水库,每一笔收入都是汇入这个水库的水流,每一笔支出都是流出水库的水流。那么,我们为了让水库里的财富变得更多更充裕,首先要做的就是"节流",让流出去的水流越来越少。其次,还不能忘记开源,通过各种投资方式努力地为水库增加"支流",以达到累积财富的目的!

expenditure

Mavis郁闷："我哪里无度消费了？"

Saron不慌不忙地指着Mavis引以为豪的LV挎包和CHANEL套装，道："又花了不少钱吧？！我记得你上个星期不是才买了一套衣服么？"

Mavis讪笑道："没有，6折呢！挺划算的！平常都全价呢！"

Iris悠悠地道："这不就是无度消费了吗？对自己的购买行为没有一个理性的规划，对于需要支出的金钱没有一个合理的预算。然后导致流出水库的水大于流入的，用出去的钱多过收入的，最终使自己的生活陷入入不敷出的困境。"

Mavis无语了："花钱之前还要预算？这、这、这未免也太夸张了吧！"

Saron不答反问："你平时逛超市和商场时，是不是很容易克制不住自己的消费冲动而买回一大堆自己并不需要的东西呢？"

Mavis一愣，倒也爽快承认："我之所以会成为'月光族'，就是抵抗不住物质的诱惑。一看到什么'挥泪大甩卖'、'折上加折有好礼'之类的活动时，非得血拼到自己拿不动了为止。"

如何判定"量入为出"

"量入为出"的意思是根据个人收入的多少来决定开支的限度,不能使支出高于收入,而应该是收入大于支出,以保证手上时时有余钱,以备不时之需。它倡导了一种理性消费的基本原则,要求人们消费的时候不能盲目地随从大流,克服"从众、求异、攀比"等不理智的消费心理,在自己的经济承受能力范围内进行消费,是需要恪守一生的原则!

就像狄更斯在《大卫·科波菲尔》里的米考伯所说的:"一个人,如果每年收入20英镑,却花掉20英镑6便士,那将是一件最令人痛苦的事情。反之,如果他每年收入20英镑,却只花掉19英镑6便士,那是一件最令人高兴的事。"

Iris也说道:"这次国庆节吧,我本来打算去超市买点零食和日用品,没想到到了商场以后,发现满眼都是打折促销,到处都是降价优惠。我当时就想,虽然这些降价商品,就目前来看,自己确实用不着,但是以后都有可能会用上啊。加上旁边导购员花言巧语,商场广播铺天盖地,最后终于超额完成了'任务',带着大包小包的'战利品'回来了。走在路上,冷风嗖嗖地刮,楞是把我从狂热的购物情绪中刮醒了。我当时就傻眼了，晕，买了这么一堆东西，真正用得着的根本没几件，到现在，还有很多堆在我家那暗无天日的储物室里呢！"

Mavis感叹道："我还不是，Shopping的时候，看中的东西越昂贵，我就越不理智。而且……"她扬了扬LV挎包的肩带，无奈地道，"只要看到一样平时异常昂贵，搞促销时的价格哪怕是比平时正常购买只便宜10元钱的商品，我的正常的思维能力基本就降到零点了！哎，咱们女人啊，就是天生的购物狂！有几个能挡得住物质的诱惑啊！Saron，千万别说你能啊！"

Saron笑着摆摆手："算了吧，我也不能，但是我有办法能。"

Mavis提高声音："哦？"

Saron解释道："女人自制力差，又是情绪化动物，常常因不能很好地安排自己的'钱包'，理智地控制自己'心血来潮'的消费行为而致使金钱在无知无觉中流失。并且，很多时候当你从商场中走出来，被冷风吹醒头脑时，又会因买到的东西虽好却并不适合自己而后悔不迭……为了避免这样的事情发生，我们在购物前就要遵循'凡事预则立，不预则废'的原则，购物之前先养成'做计划'，合理地规划和安排消费行为，以避免'购物狂'现象发生！具体的方法就是把每个月的购物时间集中安排在一天，并且购物前先理一张购物清单，再逐个分析哪些消费是必须的，哪些消费是次要的，哪些消费是没有必要的。能省则省，精明消费，这样便能减少盲目支出，将钱真正地花在刀刃上！"

购物清单帮助你逃离冲动消费

凡事预则立、不预则废,就是说我们做任何事情之前,都应该提前计划,这样事到临头才不会慌乱。从消费的角度来讲,也可以将理财理解为用最少的金钱获得自身更大需求的满足!正所谓"省下的就是赚到的",你再也找不到比省钱更方便更快乐的赚钱方式了!

所以,为了能在购物中"赚钱",而不是白白地损失钱,平时自控能力不强的MM们最好是在购物前先理一份消费清单,把你想买的东西分门别类列在清单上面。同时仔细想想,哪些是迫切需要的,哪些是可以缓一缓的。对于那些迫切需要的物品,看看是否有"优惠券"可以使用,对于可以缓的物品,则应该在平常关注它的打折促销期。

shopping list

Mavis泄气:"晕,又绕到这个话题上来了。算来算去,越算钱越少,不如不算!"

Saron白她一眼,慢条斯理地说:"国庆那天,一大早我也是依着我老公去逛街。我老公一边看球赛一边轻飘飘地说'去逛街可以,不过,你得先去拟一张购物清单,保证出去以后不管遇到什么优惠促销打折活动,都只买单子上列了的东西,其他的一概不买才行'。我当时气坏了,可是又想着他在外地工作,难得回来一次,更难得陪我上一次街,所以就答应了。"

"然后呢?"

"然后我就拟好了单子,交给我们家那大总管过目,结果人家大总管看了一眼,就说'计划是很好的,只是实施起来有困难'。"

"有什么困难啊?"Mavis不解。

"是啊,有什么困难啊?我当时也不明白。结果我老公说了,'全部买下来得花8000多块,我辛苦一个月的工资可就全没了啊!以后买房子的时候怎么办呢?'我当时就不干了,我说'钱、钱、钱,一天到晚都是钱,那该买的日用品都不买了,平常用什么呀?'我老公听了就拿着笔和纸一项一项地分析起来了。'手机嘛,就是为了联系方便,能打电话、发短信、电池耐用、外壳耐磨就可以了,其他的辅助功能,比如照相,有家里的数码相机照出来的效果好吗?再比如上网,手提上网多方便,手机那丁点键盘用起来你也不嫌手疼!'说着他就把手机这一项给划去了。过了几秒,他又说'你的鞋子是需要买的,国庆各品牌都打折,比平常便宜好多呢。但是记得要买一双合适的,贵一点都无所谓,关键是耐看、合脚、耐磨。至于电脑椅就不用买了,咱们家那把不就是有点旧吗?又没坏。你要嫌它难看,完全可以买一张漂亮的椅套给它换换衣服嘛!又省钱,又美观,多好呀'……"

"你当时无语了吧!"Lynn在旁边笑道。

"是啊!就这样,在他的分析下,我们的消费预算从最初的8000块直线下降到了3000多块。出门以后,我们买东西的时候又货比三家,没想到又省了600来块的样子。现在想想,真的是省了不少钱,一下子节约了五六千块,相当于省去了一个月的工资啊!所以那次以后我就决定,以后消费前都要先列张清单,逐

shopping list

个分析，合理预算之后才去，绝不凭一时心血来潮就冲动购物！"

"真这么管用？我也试试？！"Mavis自言自语道。

Iris认为："使用购物清单只是众多购物省钱法的基本项，想让自己的'省钱'大法练得炉火纯青，还必须要掌握一些朴实有用的小技巧。比如：货比三家，详细了解'游戏规则'是修炼的基本功。在购买之前，最好能够通过熟人、网络、杂志等多种途径了解你要购买的商品，而不是轻易地相信促销人员的片面之辞！"

Saron也是深有体会："这样说来，精打细算，锱铢必较就是省钱大法的第二重境界。千万别在漫天遍地的'五折抛货'、'满1000返300'的促销广告中晕了眼，坚定不移地以两个'只买'为指导方针：只买自己迫切需要的或者生活必要的；只买适合自己的，便宜低价绝不能成为促使购买的主要成因！记住，'任她吹得天花乱坠，我自巍然不动！'"

众人被逗乐了！

　　Lynn也来凑热闹："孔老夫子说：'见小利，则大事不成！'所以为了练好购物大法，遇到商家搭售小礼品的时候，记得遵循'有用就要，没用不要'的原则，不要为了小便宜而花了大钱！因为那些看起来加量不加价、'白白赠送'的商品实为激起你的购买欲，通常来说，捆绑了赠品后的商品大都价格有一定的上升，毕竟'羊毛出在羊身上'嘛！"

　　Mavis见她们讨论得热火朝天，也忍不住加入："好吧，作为资深买家，我认为砍价是购物中最实用的省钱方式之一。从买菜到买大件商品，砍价可以说是于日常生活中无处不在，随时都可以用上，哪怕是很多人心目中认定的正规的商场也可以看到它的身影！不信的MM可以亲身试验一下，通常柜台服务人员在听到你提出砍价要求之后，都会考虑给你一定的优惠，就算在价格上不能再降了，也会用类似于赠品之类的优惠措施来留住你看似'将要离去'的脚步！特别是在换季时节，只要你有足够的耐心，多少都会砍下一些的！"

　　Iris嘻嘻笑着为大家补充："还有就是，应该理智地看待抽奖。大多数情况下，这类抽奖活动中奖率虽高，奖品无非就是些小物件或者干脆就是购物券等，令人垂涎欲滴的大奖却很难中到，并且商家一般还会为此设置消费金额门槛，不消费满XX钱，你就无法去抽奖。因此，为了抽奖而胡乱地买东西凑消费金额的方式实在是不可取！"

Mavis不甘落后，绞尽脑汁后突然开窍："除此之外，还可以使用缩短购物时间的办法来减少受'诱惑'的机会。"说到这，她有些脸红，"我每次购物的时间越长，买的东西也就越多！"

Iris灵光一闪，道："这样说来，尽量空手进入商场也能避免购物欲望膨胀啊！所以，进入商场时，能够空手就尽量空手，实在不行还可以使用购物篮，总之，若非必须，最好是不要使用购物车，以免自己见到喜欢的东西就往里放，不知不觉就超出了预算！"

"说得好！"大家异口同声地赞道！
"还有谁有什么绝招么？"

shopping list

Saron笑呵呵地接道："我觉得，倘若某样商品不在你的购物计划内，却又明显比平常优惠并且你的确用得着的话，在真正购买前，最好是给购物设置一个缓冲期。如果第二天你仍然认为这次购买是值得的，再去买下它，这样就可以尽可能地避免冲动、盲目地购物了！"

Lynn若有所思："我以前逛街，每次与同事、朋友一起去，多半都会买得多一些，但是回家以后，又会发现这些衣服未必是自己需要的，并且每次花费下来都会超出预计。所以，我个人认为，真正要购物的话，最好是尽可能地避免群体消费！"

大家沉默了一阵子，皆竖起拇指称是！

our plan

我们的"开源"计划

"现在说理财,难免都会提到'开源节流'这个词。'节流'自然就是省钱,只要遵循量入为出的原则就可以了。这毕竟是咱们中华民族的传统美德,老一辈人都是这样省着过来的,咱们耳濡目染,只要下定决心,倒也不是什么难事。相较之下,'开源'绝对难度不浅!"这天午会后,Saron托着腮,唉声叹气。

Mavis也随之叹道:"是啊,毕竟都是有本职工作的人,我真想不出平时少得可怜的休息时间里,还有什么空闲什么方式来'开'呢!"

"有这么困难么?!"Iris摸摸鼻头道,"我实行的是'开源三步走'计划,一段时间下来,还是小有收获滴!"

"开源三步走?!"众人疑惑。

Iris解释道:"第一步就是通过传统的储蓄,积攒下第一桶金的同时,留下保命钱以备不时之需。第二步嘛,购买传说中的'蛋生蛋,钱生钱'的万能金——基金作为投资。最后一步嘛……那啥……我读书的时候,爱好写作,也时常在杂志上发表一些小文章,最近又把这个爱好给拾回来了,一个月'关门造文'下来，还是给自己挣了点脂粉钱。哈！"

Mavis忍不住道："我是说你这几天怎么一下班就没影了，原来是兼职了！"

Iris翻白眼："兼职有什么不好么？！既可以避免自己为了打发无聊而逛街花钱，又能小赚一笔零花钱。多美的事情啊！"

Saron懒洋洋地道："我也觉得挺好，前几天还在报纸上看到说'一个上海小白领，瞅准时机，用手头的积蓄在吴淞码头开了一家拉面馆，后来又陆续发展成了四家。想想看，这四家拉面馆每个月能轻轻松松给她带来两万多块的收入，而她在公司里拼死拼活工作一个月还挣不了兼职的1/5，由此看来，兼职，然后走自主创业之路才是发财致富的要径！"

Iris激动："哎，我也看到这个新闻了！那女的也忒能耐，看准了地方，出钱盘下店面，再装修好，请几个员工，设一个店长管理，就完成了创业之路。她自己只要每个星期到店里走一趟，盘盘账就行了，既省心省力，又不花时间，简直比天上掉馅饼还爽！"

Lynn不以为然："那有什么，机会往往是稍纵即逝，一眨眼就可能溜得无影无踪，那个人其实只是找准了时机而已。你若是想创业，只要时刻留心市场动向，该下手时就下手，不犹犹豫豫，一样会成功的！"

偷偷摸摸来兼职

目前，在北京、上海、深圳等大城市，兼职现象已经非常普遍。他们之中很多是不愿意辞掉自己的本职工作，又想额外增加收入的白领阶层。这些人根据自己的能力选择不同的兼职职位，并且通过兼职来锻炼能力、积累经验，同时为自己积累财富。

有兴趣加入兼职大军的MM们需要谨记：正所谓"人有远虑，方无近忧；远虑者安，无虑者危"，因此，选择兼职时，最好是能与自身情况和未来规划相结合。不要将自己的思想局限于"为了兼职而兼职"，更不应该为了一点蝇头小利而斤斤计较。记住，兼职是你自主创业的前期准备，锻炼能力和积累相关资源才是重中之重！

Saron惊奇："你怎么知道我想？！"说着，她笑道："我最近正是打算和我那小姑合伙在闹市区开一个精品店，主要都是卖些女生用的东西。比如发饰呀、化妆品呀、小礼品之类的。虽然店铺小了很难做大，但起码为家里增加一份收入啊！"

选个好朋友一起投资

在创业之初,个人精力有限或者资金不足的情况下,可以选择合适的合伙人一起创业。选择合伙人时,必须要在充分了解这个人的品质的情况下,遵循"疑人不用,用人不疑"的原则。其次,如果可能,合伙人双方最好能够形成优势互补,打个比方说,你擅长于销售,那么,你的合伙人最好能够精于打理后勤。

另外有句俗话说,"亲兄弟,明算账",无论多么好的关系,为了以后的合作能够愉快,一开始就要与合作伙伴将责、权、利等重要问题分清楚,最好是达成书面协议,有双方签字,有见证人,以免到时候空口无凭。不要因关系好就觉得难以开口,有些事情一开始不说清楚,必将形成大的祸患!

investment

"哎呀呀，Saron要当老板了！以后发达了可千万别忘了我呀！"打趣了一阵，Lynn正色道，"我嘛，平常工作忙，倒也真没什么时间抓副业。那点薪水都被弄去东买一点基金、西买一点股票、再投了点房产，反倒是弄得自己手上一点现金都没了！"

众人讶然，Iris用相当佩服的口气说："呀？！都是现在先进的理财工具啊！你这一招叫'开源式理财'吧？！牛！"

开源式理财方法

所谓的"开源式"理财是指在避免资金贬值的情况下，选择金融工具，对已有的财富进行适当的投资，以获取更高的收益。打个比方说，将日常备用的活期存款，放在银行存活期的，收益很低，甚至还赶不上通货膨胀贬值的速度。因此，投资人根据自身的风险承受能力和财务状况，适当购买一些如基金、股票、保险等金融投资工具，获取较为稳健的收益。

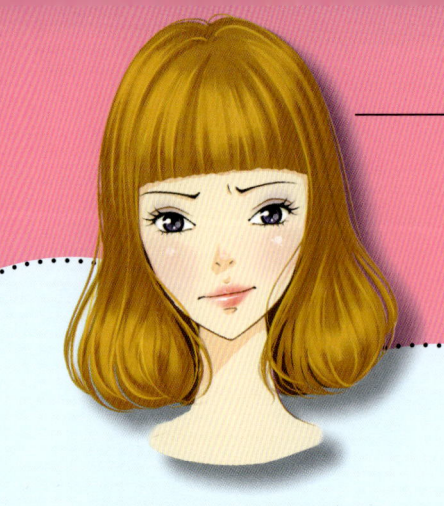

Lynn不说话,算是默认,众人看她的眼光立马换为炽热的崇拜了。特别是沉不住气的Mavis,直嚷嚷着要Lynn哪天教她几招过过瘾,这会儿一口一个Lynn姐姐喊得亲热地很。

平常最活跃也是最先发言的Iris这次竟然落了后,难得地谦虚了一回:"和你们比起来,我那点小家业简直就不值得一提。起先,我是琢磨着将夜生活叫停肯定能省一笔钱,后来真那么做了,才发现自己的荷包果然慢慢鼓起来了。这么一来,我那些小礼服呀、8寸高的鞋子呀、乱七八糟不大用得上的彩妆什么的就都闲置了,我想了想,反正放在家里就算不过期也会发霉,可惜了这些高档货,于是便接受了朋友'二手转让'的提议。起初就只是在淘宝上兜售自己和朋友的一些二手闲置品,慢慢地,做的时间久了,也积攒了好些'回头客',索性便一边开旺铺,卖点外贸的衣服、化妆品,偶尔也帮朋友处理些二手的闲置用品。没想到,半年下来,也小有积蓄。"

Saron点头:"只要想做,这世上还有做不成的事么?'世上无难事,只怕有心人'嘛!"

Mavis双眼放光:"现在最最流行、最便捷的创业方式就是开网店了!靠这个发家致富的可不少,我可是早就垂涎欲滴的，就是因为不熟悉网络一直犹疑不决，你有经验要跟我们说啊！"

Saron似乎也对网店感兴趣："是啊。传统商店必备的少则几千元，多则数万元的进货资金，对于网上商店来说，根本是多余的。因为网络商店大多是在有了订单的情况下再去进货！"

Iris热切补充道："还有昂贵的房租，转让费，水、电、管理费等方面的支出，网络商店也不需要。如此，又降低了一个台阶！"

Lynn笑道："你们还有一个地方没有说到，那就是人力方面的投资，因为一般小商户私营的小网店不需要专人时时看守。"

Iris得意道："最重要的是网上商店进退自如，没有包袱，绝对不会产生积货。只要你愿意，随时都可以更换品种，或者改行做别的生意！也正因为如此，一直受众多创业者青睐呢！"

shop.com

没有本金的网店生意

开网店的第一步就是想好自己要做什么生意，然后寻找一些相对应的货源稳定、质量可靠，愿意为你搭建发货平台代为发货的供货商（或生产厂家）作后盾。同时，你需要在众多网络购物平台上选择一家比较合适的，完成免费注册，并将供货商提供的商品信息上传到自己的网店。

有些人可能会觉得奇怪：供货商怎么可能提供条件免费供自己开网店呢？道理其实很简单：对供货商来讲，多一个人跟他们合作经营，就好像是多招聘了一个兼职网络推销员，还不需要发工资。只要安排人根据你提供的地址照单发货、结算就可以了，也就是说，网店经营中所有你能想到的最麻烦的包装、发货等工作都由供货商去完成，完全省去了商品包装和邮寄的不便，不用进货，不用跑腿，甚至都可以足不出户，你就可以在零投资、不存在任何心理压力和负担、没有任何库存和风险的情况下，轻松赚取中间的差价，正是应了那句古语——借鸡生蛋，何乐而不为？！

看Mavis和Saron这么期待，Iris得意地说："其实很简单的，跟实体店铺没什么区别。我的方法是……哎，算了，解释起来太麻烦，我这里有当初开店时的策划方案。有兴趣的慢慢看哈！"

Iris的欧美潮流店铺方案

1.策划背景

根据中国互联网络信息中心最新发布的中国互联网络发展状况统计报告显示，截至今年6月底，我国网民规模达4.2亿人，普及率高达31.8%，网民规模较上一年度提高了6.3%，共计8300万余人次，并且，网民规模仍呈快速增长模式。互联网购物的用户规模攀升到1.42亿，也就是说，每100个人里面有34个有网络购物的习惯。

在这种情况下，五花八门的网络小店如雨后春笋一般疯长，当一家网络店主更是成为了最时尚最具潜力的职业之一，吸引着众多企业管理者、白领阶层、商户、自由职业者等纷纷加入，前来淘金。

区别于网下的传统商业模式，与大规模的网上商城及零星的个人物品网上拍卖相比，网上开店投入不大，经营方式灵活，基本不受营业时间、营业地点等传统因素限制，却能给经营者提供不错的利润空间。当然，对于顾客来说，网络开店的众多优势都成为了其物美价廉的成因，因此他们也乐得追捧，使得整个网络市场一片繁荣之态。

2.网店定位

网店名称：Mavis的欧美潮流店

经营模式：以B2C的模式(商对客)，借助于淘宝网购平台直接面向消费者销售产品和服务。这种经营方式可以使顾客通过比较来购买商品，不仅减少了计划外购物，也能在最短的时间内选到自己真正需要的产品，令其感到非常方便。

主营商品：时尚潮流女士服装。

产品特点：本店销售的产品适宜于都市上班女性，以简约、时尚、知性的款式来满足上班女性多功能的着装需要为主打理念，既有满足她们出入正式场合需要的高级品位和商务行政装，也有满足轻松休闲需要的时尚休闲装。

3.顾客定位

20~40岁的都市女性,她们的经济日渐独立自主,消费力提高;年轻、朝气、活力、自由,没有生活压力,对生活品质要求高,是我们网店的最大客户群。

4.价格定位

现在网店销售的货物都大同小异,价格之战越演越烈。对于刚起步的网店,大致应该采取根据成本价,在网上同类商品中取一个中等偏低的价格的定位方式。其原则是不要追求暴利,但也不能无利,更不能贴利。要做好"长期战"的准备,用完善的销售服务和大力度的促销活动来弥补网店人气不足的缺点,这样,网店的生意才会慢慢地红火起来的。

5.市场分析

随着商品经济的发展,人们的物质生活水平明显提高,对于穿着的品位也比原来提升了不止一个层次。时尚、轻便、设计简单,于细节之处见其韵味成了都市女性穿着的首选。我们的服装正好适应这一特点,并且由于货源由厂家直供,货源更充足、信用度更高,这些因素都使我们的竞争力得以增强,我们的网店也更加容易在众多网店中脱颖而出。

　　风险分析：在实际的经营情况中，任何问题都有可能会出现。就目前来看，将会在很长一段时间内摆在我们面前的难题有：是一个尚未被认知的新网店，知名度不高；创新能力欠缺；管理团队初步建立，需要磨合；销售渠道尚待建立。特别是免费创建的淘宝网店页面装修非常简单，没有吸引力，很难具有个性和特色。

6.建立店铺

　　①在选择好的免费购物平台上注册，同时，根据店铺的定位联系商品货源，选择合适的供货商，达成供货协议，索取商品资料，选择适当的商品。

　　②给店铺起一个朗朗上口的好店名，为的是让大家一眼就能够记住，日后查找起来也方便。

　　③用数码相机对所选中的商品进行多角度、全方位拍照，获取商品图片。

　　④仔细收集商品介绍、商品体积、重量、使用范围、使用方法等，具体需要收集的商品信息可参考现有的其他网店。

　　⑤到邮政或快递公司根据商品重量和体积情况确认递送费用。

　　⑥把自己收集整理好的最新商品图片、介绍资料、销售价格及邮寄费用等发布到网站上。

　　⑦为了增加交易成功的机会，网店开张后，

除了可以销售合作商品之外，还可以寻找其他供货商合作，以增加商品种类。

⑧可以选择当地批发市场中体积小巧，价格适中，便于邮寄，无需进行后续服务的商品，将其纳入销售范围，以拓宽销售渠道。适合网店销售的商品如：

具有地方特色的工艺品和地方特产；

具有价格优势的家居日用品；

功能独特的电子产品；

其他物美价廉的时尚商品。

7.网店推广

做好产品宣传。这里面包括很多方面，其一是做好图片处理，其实很多图片成像时都不怎么好看，一定要经过处理，才能达到唯美的效果。只有效果唯美了，买家才会心动，网店才会有进账。其二是使用签约模特。毕竟东西是死的，人是活的，"好衣还需模特衬"。其三是做好文字编辑。不仅要简洁、流畅、有感染力，更重要的是要有便于搜索的关键词。要注意的是，网上销售不同于一般的网下销售，同一商品根据编号可以在网络上全部搜索出来，为了避免非正常竞争和价格大战，商品名称中不要写到商品的款号和品牌。

网店由于受资金限制，先期不可能做什么媒体广告，只能采取费用低廉的网络宣传方式，例如：

①店铺信用。这是每个买家购物前几乎必看之处。在评价内容里要把店里特价的东西、优惠大行动通通都写出来。

②交易联络软件。生意好，都是因为旺旺常在线，方便交易双方的沟通。

③交易论坛。论坛里暗藏着许多准买家，千万不要忽略它的作用。把头像和签名档设置得好看些。再配合好的帖子，无论是首帖，还是回帖，别人都能注意到；定期更换签名，把店里的最新消息及时通知给别人。

④百度贴吧：买家通过它会找到网店。

⑤充分利用QQ、MSN、博客、论坛、邮件等进行宣传。

⑥与一些相关的网店建立友情链接，实现互惠互利。

8.接受订单

①每天上线时，及时查看是否有用户下单，对用户的订单必须及时处理。

②通知供货商发货。拿到订单后，请立即按照预先约定的方式通知供货商，供货商的发货平台将在最短的时间内，按照您提供的发货地址将货品发出，并按照预先协商好的方式结算货款。

③与供货商结算货款。可通过以下几种方式与供货商联系发货及结算：

第一种方式：在网店接到用户的订单后马上

通过网络银行将相应的进货款汇入供货商账号，供货商收到货款后立即按照网店提供的用户地址和数量发货，完成交易过程。

第二种方式：由网店预先在供货商账户打入一定数量的预付货款，在网店接到用户的订单后直接通知供货商按照网店提供的用户地址和数量发货，快速完成交易过程。

第三种方式：对于诚信网店，也可以发货打款同时进行，甚至可以在网店交易结束后再行结算，以减少网店的资金投资。

如果是我们自己发货时，应该注意：

①主动联系快递公司、邮政或物流公司，与他们建立长期稳定的合作关系，这样就能拿到便宜的邮寄费用。之后，快递公司一般会给出货单。每次发货前，只要填好出货单，再打电话通知快递公司来取货就可以了，既节约时间，发货又快。

②打包货物时要注意．包袋产品及资料要齐全，包袋产品上写上自己的联系方式，放些轻巧而实惠的小礼物，给客户提供些他想知道的包袋产品材料信息。

③要用纸箱稳妥地包装产品，最好是在里面垫一些缓冲材料，如珍珠棉、发泡塑胶或者揉成团的报纸，纸箱外面用胶带密封几道以防止箱子散架，最好再用打包机扎一下，避免运输途中损坏或者泄露。

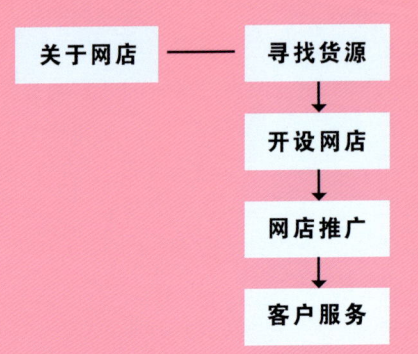

关于网店 —— 寻找货源
↓
开设网店
↓
网店推广
↓
客户服务

9.客户管理

　　建立客户档案,通过了解买家的职业或者所在城市等其他的背景,能帮助我们总结不同的人群所适合的物品;使用"抓两边,放中间"的政策加大对大客户和最差客户的关注力度,以便实现网店利益的最大化。采取一定的优惠政策,例如购买商品享受8折优惠等方式,以便创造并留住长期的忠实买家。时常联系他们,在节日的时候问候一声,就像朋友之间交往一样,我们卖出的不仅仅是一件货品,更是一份友谊,这就是销售学中所谓的"情感营销"。

众人看了Iris的网店策划书都大为叹服，联想到昔日的刚毕业的大学生现在已经小有积蓄了，更是纷纷为她打气："一分钱难倒一个英雄汉，多开一条水源就多一条财路，有钱傍身总是好的！"

不过作为办公室主管的Lynn，这个时候不免要提醒一下大家，不要只想着副业，耽误了正职，毕竟正职才是最重要的赚钱道路。

她正色道："没有工作，就没有生活的一切，即使是你自己做老板，也得努力工作啊，否则下一个离开的可能就是你。稍微有点加班，也不要有太多的怨言了，抓紧去完成吧，就当是自己累计经验。老板们通常都相信'三条腿的蛤蟆找不到，两条腿的人满大街的都是'。这话虽说是有些刻薄，但你要是有兴趣去看看每次招聘会上那人山人海、比肩接踵的情景，就会暗自感谢上帝给了你一份好工作了！若是实在无聊，不如赶紧去学点和专业有关的知识，参加些业务技能的培训，公司不出钱，就自己花钱去学习吧。一寸光阴一寸金，寸金难买寸光阴，可见，浪费时间比浪费金钱更可耻。再说了，通过学习所获得的知识以及技能上的提高，都是归于你自己的，百利而无一害，多一份技能，多一种技术，都相当于多买了一份能使自己'失业无忧'的保险！"

众人大笑，三三两两地结伴回到座位上研究本职工作了。

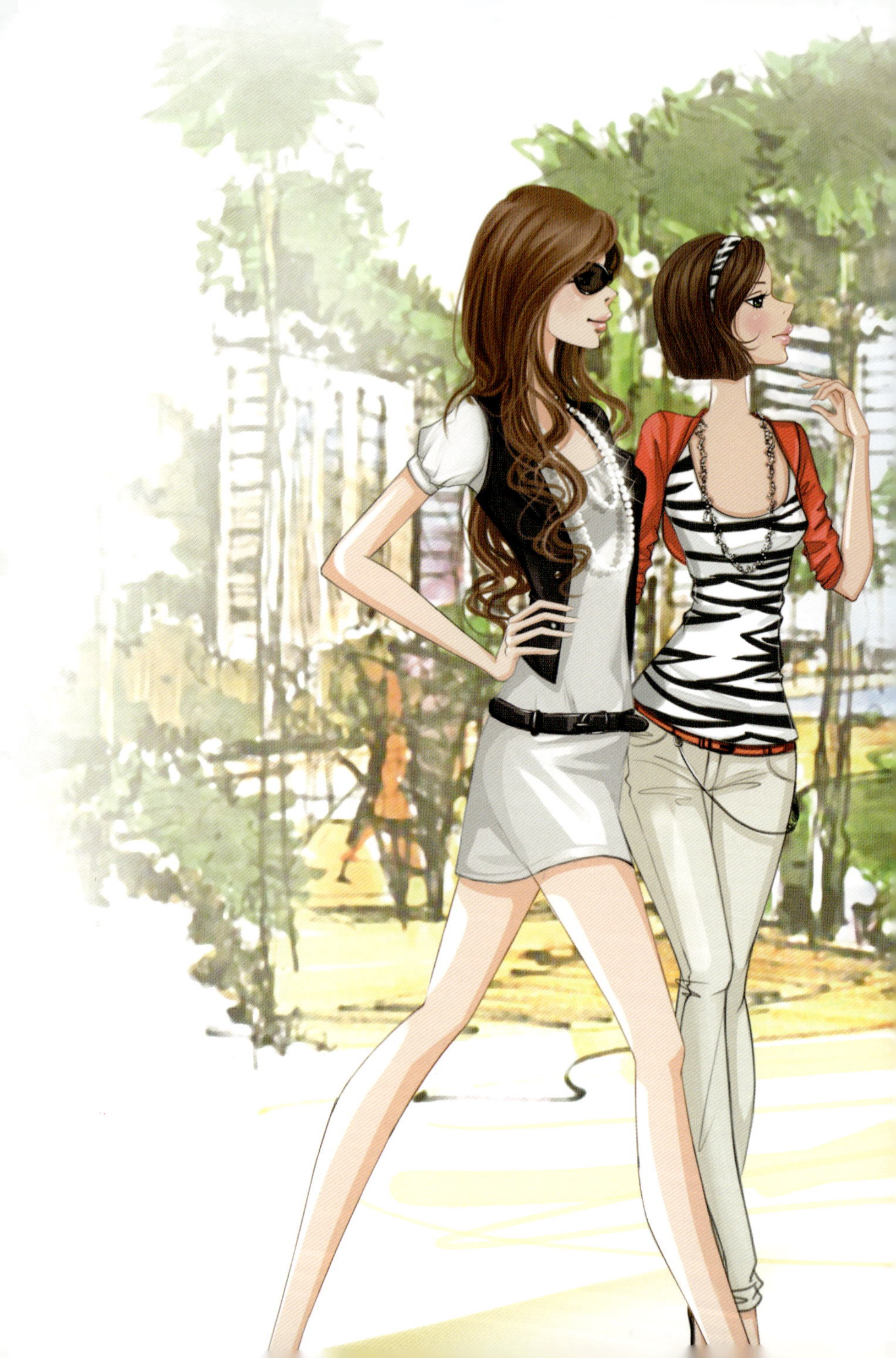

当男人不再可靠，吃透社保才是正经事！

Part Six

每个月**交金**，到底交在谁头上？

social insurance

Mavis过了一段"苦行僧"似的生活，越发觉得这省吃俭用的日子实在太过于辛苦，不由得就越发惦念起自己当初"一掷千金"的逍遥和自在生活。

这一日下午茶时间，她便缠着Saron发起了牢骚："赚钱是为了花钱，花钱能使自己快乐。人生只有一次，如果不能随心所欲地支配自己的生活和金钱，那还有什么意思呢？！呜呜，日子过得好苦，我要撞墙去！"

Lynn听见了，又好气又好笑，跟边上的人嘱咐道："让她去，你们谁也不准去拉！为了一丁点眼前的享受，就置长期的安稳于不顾，真是白活这么大了！倘若生活一直按照你设想的轨道走下去，你当然可以理直气壮地说'能花钱才会赚钱'！但是，不要忘了生活中总是充满了变数，谁也不知道下一刻自己要面临着什么！公司破产？自己被解雇？突如其来的大病大灾？到时候你守着一点零零散散的钱可怎么办？！"

Iris点点头，忧虑地说："人无远虑，必有近忧。同样是应对变数，金钱丰裕的富人自然有从容不迫坦然应对的资本！而对于我们这样的工薪族来说，手中有存款就意味着，有令自己'置之死地而后生'的力量，这就是俗语所言的'留得青山在，不怕没柴烧'。"

Mavis听得哑口无言。

Saron也是感叹良多:"是啊!对于我们这一代人来说,铁饭碗几乎成了一个传说中的名词。能捧上的人实在太少啦,并且,随着社会体制的慢慢变化,许多原先被当做是'铁饭碗'的工种也会变成'瓷饭碗',成为普普通通的'工薪一族'。"

Iris忍不住愤责了:"什么叫做'工薪一族'?!工作一天,收入一天的薪水。工作在,薪水就在;工作无,薪水也就无。这就是'工薪'的含义了!无论你从事什么高技术含量的职业,律师也好、医生也罢,或者是职业经理人……只要是'工薪'一族,就要靠自己身体力行去赚钱。如果现在花钱大手大脚不懂节制,那等你老了身体不行了,不能上班了,该怎么办呢?年轻的时候多想想老的时候,得意的时候多想想失意的时候,人生才能活得更加从容更加有尊严。诚如温总理所言,居安思危,思则有备,有备才能无患。"

Mavis不同意:"不是有社会保险吗?!工资户头上每个月都要扣好几百元钱,单位交得更多,据说是我们的两倍。交这么多钱给国家的劳动保障行政部门为的是什么?不就是为了关键时刻可以应急吗?!说到底,你们一个两个都是杞人忧天,唯恐天下不乱的家伙!"

insurance

社会保险有多"保险"？

社会保险是国家通过立法的形式，以劳动者为保障对象，以劳动者的年老、疾病、伤残、失业、死亡等特殊事件为保障内容，以政府强制实施为特点的一种保障制度。

1．社会保险属于社会福利性质，它不以盈利为目的，以最少的花费解决最大的社会保障问题。

2．不论被保险人的年龄、就业年限、收入水平和健康状况如何，一旦丧失劳动能力或失业，政府即依法提供收入损失补偿，以保障其基本生活需要。因其对于社会所属成员具有普遍的保险责任，是以具有普遍保障性。

3．社会保险具有强制性。《中华人民共和国劳动法》第七十二条规定：用人单位和劳动者必须依法参加社会保险，缴纳社会保险费。保险待遇的享受者及其所在单位，双方都必须按照规定参加并依法缴纳社会保险费，不能自愿。

4．社保所针对的人群是特定的，包括劳动者（极其亲属）和用人单位，保险基金来源于劳动者和用人单位的缴费以及在财政上的支持。

5．社会保险是按照社会公共承担风险的原则来进行分配组织的，主要由国家、企业、个人三方负担，建立社会保险基金。

说着说着，Mavis想起了什么似的，突然激动了起来："我们每个月的工资表上显示出的虽然只有缴纳的三险一金，但是，一份完整的社会保险除了养老保险、医疗保险和失业保险以外，还应该包括工伤保险和生育保险以及住房公积金。老有所养、病有所医、伤有所偿、失业有保障、生育有津贴，如此完善的社会保障体系，几乎覆盖了我们未来生活里将要面临的种种困难——也就是你们刚才所说的变数。我实在想不出，还有什么理由能阻挡我'人生得意须尽欢'！"

五险有哪五项？

我们平常经常挂在口边或者经常听到的一个词"五险一金"中的"五险"，正是社会保险的五大类：

养老保险+医疗保险+失业保险+工伤保险+生育保险。

社会保险费的分担主体是国家、企业和个人。根据保险项目的不同，分担方式也不尽相同，通常以雇主雇员双方供款、政府负最后责任为主。根据各地区的经济发达程度不同，社会保险的缴纳额度也有改变。

老了，谁来养我们？

　　Mavis的话说完，并没有得到期待的掌声，相反，Saron和Iris的脸上浮起一种很古怪的表情，看得她心里毛毛的。Mavis打了个寒颤，抱着手臂摇了摇，说出来的话似乎有些底气不足："看什么看，我又不是大星来客。"

　　Iris终于忍无可忍地大笑了起来，Iris耸耸肩，做了个无可奈何的动作："美眉，你脑子被驴踢，坏掉了啊？！拿着'社保'当'社包'？！——真亏你想得出来了！"

　　Mavis条件反射性地骂道："去死！"过了一会儿又颇有些赌气似的说："什么'社保''社包'的？我还'社馒头'呢！莫名其妙的！"

　　Saron扑哧一笑："是啊，Iris，你说话别说一半啊！正好有我和Mavis给你当听众，要说就说完！小心别说错啊！免得……"

　　Saron话音未落，Iris打断了她，斩钉截铁地道："不用说了，我要是说错一个地方，自甘受罚！乞饭、唱歌随你选，行了吧？！"

"这么爽快？！"Saron拍手高兴道，"好耶好耶！快点开始吧！"

Iris清了清嗓子："Mavis，你刚才说的社保种类的确没错，但是，我可以肯定，你没搞懂社保的性质和用途！先说养老保险，养老保险相当于你的退休金。现在的法律规定是，城镇职工以本人上一年度月平均工资为缴纳工资基数，按照8%的比例缴纳基本养老保险费，所在企业按照20%的比例缴纳。"

"按照这样的算法，就以我的薪水来说吧。"Iris开始算一笔账。

算一算养老金那笔账

养老保险是国家通过立法，使劳动者在因年老而丧失劳动能力时，可以获得物质帮助以保障晚年基本生活需要的保险制度，是社会保险五大险种中最重要的险种之一。

养老金的缴费比例分为以企业参保和以个体劳动者参保两类：

企业参保	个体劳动者参保
各类企业按职工缴费工资总额的20%缴费，职工按个人缴费基数的8%缴费。职工应缴部分由用人单位代扣，连同单位缴纳部分，由地税部门每月从单位银行账户中划扣。	个体劳动者包括个体工商户和自由职业者按缴费基数的18%缴费，全部由自己负担。

pension

　　从社保领取的养老基金最重要的两部分为基础养老金和个人账户养老金。

　　所谓的个人账户养老金是用于记录参保人员个人缴纳的基本养老保险费和从单位缴费中划转记入的基本养老保险费，以及上述两部份的利息金额。从2006年1月1日起，个人养老账户的规模统一由缴费工资的11%调整为8%。

　　基础养老金是按照当地平均工资的一定比例发放的，跟个人养老账户没有关系；而个人账户养老金就是从个人养老账户中提取的。单位缴费工资总额17%进入国家的统筹账户，个人缴费8%+单位缴纳的3%进入个人账户。

pension

基本养老金 =
基础养老金 + 个人账户养老金（8%+3%）

统筹账户，顾名思义就是放置统筹基金的账户。那么，统筹基金又是什么呢？

统筹基金即在养老保险制度从国家——单位制逐渐向国家——社会制转变的过程中需要国家统筹，以解决经济发展不平衡及人口老龄化等问题。换一个形象一点的说法，统筹基金就是用来劫富济贫的基金。

基础养老金月标准以地区上一年度职工月平均工资和本人指数化月平均缴费工资的平均值为基数，缴费满15年发给基数的15%，多缴费一年多发1%。个人账户养老金为个人储蓄额除以国家规定的计发月数。

因此，你的基本养老金大体可以这样算：

$$基础养老金 = \frac{上年度在岗职工月平均工资 + 本人月平均缴费工资}{2} \times (缴费年数/100)$$

$$个人账户养老金 = \frac{实际缴费工资累计额的8\%}{平均预期寿命 - 退休年龄} \times 12月$$

Iris自2009年开始参加工作,工作第一年全年的税前工资为36000元,除以12个月以后,月平均工资为每月3000元。

那么,那个公司为她缴纳的基本养老保险费应为:

3000×20%=600元

而Iris个人应该缴纳:

3000×8%=240元

假设Iris每年的工资固定增加3%,每年养老金年利率为2.25%(当前最高的零存整取率,且为今年的结算利率),社会平均工资每年上涨2%,30年以后,Iris退休后每月能拿的基础养老金就是1665.1元。

"知道养老金最后实际能拿到多少至关重要,这关系到退休后的老年生活是否有保障,要算清这笔账可不简单哦!"Saron听完Iris算完养老金这笔账,不无感慨地说。

"现在网上有专门的在线计算器来算社保这笔账,我们不妨利用这个来解决社会基本养老金、企业年金以及自备养老储蓄的计算难题,及早合理规划退休生活。"Lynn在搜索网站上搜出了几个社保计算器的网址,拿给大家看,"各个地方的劳动保障网站也有网上养老金计算器,并且是将当地的基本养老金计算方式进行内部设置,比如个人缴付比例、企业交付比例,最低最高缴费限额,已经计发方式等等,我们只要输入一些个人基本经济信息,就可以估算出未来养老金领取金额了。"

想要领取养老金必须满足三个条件,缺一不可。

1. 达到法定退休年龄,并已办理退休手续。
2. 所在单位和个人依法参加养老保险并履行了养老保险缴费义务。
3. 个人缴费至少满15年。

three conditions

　　MM们的问题也随之而来，Iris继续列了一份调查问卷给其余三人做。
　　考虑到通货膨胀，退休时这些钱还能值多少？
　　每个月领1600多块钱，而退休前工资一定累计得很高了，两者差距你能接受吗？
　　难道退休后我们的生活品质就要直线下降吗？
　　退休后，我们的花销就一定比退休前少么？
　　在如今的聘用制度下，如何能保证稳定长期工作，且每年工资增加上一年度的3%直至退休？
　　按照养老金的缴纳规定——缴满15年，你能保证在这15年内，自己就一定不会发生失业、或者因身体无法工作的情况？

养老保险真的能养老?

养老保险是指,在法定范围内的老年人,完全或基本退出社会劳动后所拿到的社会保险金。

这里所说的"完全",也就是说就业者与工作单位解除用工合同;所谓的"基本",则指的是参加生产活动已不是主要社会生活。而法定的年龄界限是最容易衡量的标准。

我国的企业职工法定退休年龄为:

50岁	从事生产和工勤辅助工作的女职工。
55岁	从事管理和科研工作的女职工。 自由职业者、个体工商户女。
60岁	男职工。

缴费满15年的参保人,才能享受基本养老保险待遇,退休后每月领取基本养老金,直至死亡。

如果,参保人在退休前死亡的,其个人账户累计储存额中的个人缴费部分本息,将一次性支

付给其合法继承人。

若是退休后死亡的,其个人账户储存额中,尚未领取完的个人缴费部分的余额,将一次性支付给其合法继承人:

到达退休年龄,但缴费年限累计不满15年,将不发基础养老金,并且将个人账户存储额一次性支付给本人,并终止基本养老保险关系。这里要注意的是,此时退给你的钱,只有你自己缴纳的8%加上单位为你缴纳的3%这个部分,另外的17%是不属于你的,它属于国家的统筹账户。

养老保险应连续缴纳,根据国家有关文件规定,凡企业或被保险人中断缴纳基本养老保险费的,也就是说你的养老金是在断断续续的情况下缴满15年的,除了失业人员在领取失业保险金期间或按有关规定不缴费的人员,当被保险人符合国家规定的养老条件,在计算基本养老金时,其基础性养老金的计算基数,按累计间断的缴费时间逐年前推至相应年度上一年的本市职工平均工资计算。累计间断的缴费时间,按每满12个月为一个间断缴费年度计算,不满12个月不计算。

继续拿Iris举例来说吧:

如果她在2020年退休,正常情况下,Iris的基础养老金是2019年的社会平均工资×20%,但是如果Iris在退休之前养老保险中断了30个月,就是中断了2.5年,按2年算,她的基础养老金就是2017年社会平均工资×20%。

失业了，谁来救救我？

"这真是……"Mavis喃喃道，"从没想过养老金也可以这么复杂，但是，我们失业了不是有失业保险么？"

怎么才算失业？

失业保险是国家通过立法强制实施，由政府建立失业保险基金，对在劳动年龄内有劳动能力、非本人意愿失去就业机会的失业人员，提供一定时期基本生活保障和就业服务的一种社会保险制度。

需要注意的是这里"失业人员"的定义，法律规定，失业人员指在法定劳动年龄内，有劳动能力，现用人单位依法终止、解除劳动关系而未就业的人员。如果是已经办理过退休手续的人员并不在其内哦！

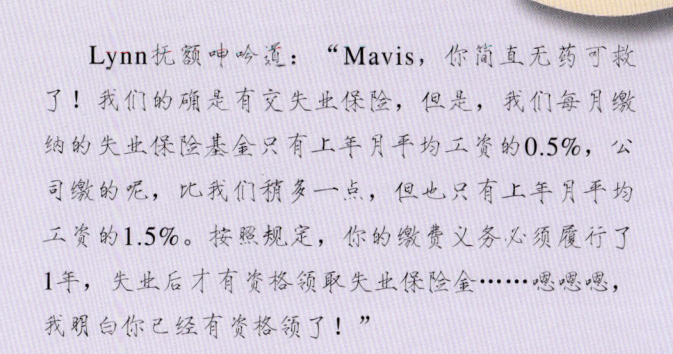

Lynn抚额呻吟道："Mavis，你简直无药可救了！我们的确是有交失业保险，但是，我们每月缴纳的失业保险基金只有上年月平均工资的0.5%，公司缴的呢，比我们稍多一点，但也只有上年月平均工资的1.5%。按照规定，你的缴费义务必须履行了1年，失业后才有资格领取失业保险金……嗯嗯嗯，我明白你已经有资格领了！"

万一失业，你够格领失业金了吗？

在失业前，所在单位及个人已参加失业保险并履行缴费义务满1年者，非本人意愿中断就业，并且与单位终止、解除劳动或者工作关系之日起60日内，可持与单位终止、解除劳动或者工作关系的证明、户口簿、身份证到户口所在地的街道、镇劳动和社会保障部门办理失业登记，并持技能证书填写求职要求。

也就是说，如果你是因为个人的原因不想再工作的话，是无法享受失业保险待遇的哦。另外，假设你失业后，情况符合领取六个月的失业保险待遇，但是失业后的第四个月，你又找到了新的工作，那么，从第五个月起，你就不能再领取失业保险待遇了。还有就是，养老金和失业金是不能同时享受的。

累积缴费时间（A）	领取时间（3<A<24个月）	发放标准（B）
1年<A<2年	3个月	B=最低工资标准×70%
2年<A<3年	6个月	
3年<A<4年	9个月	
4年<A<5年	12个月	
5年<A<10年	每满一年增发一个月失业保险金，最长不超过24个月	B=最低工资标准×75%
10年<A<15年		B=最低工资标准×80%
10年<A<15年		B=最低工资标准×85%
20年以上		B=最低工资标准×90%

"领取失业保险金的期限呢，最长不超过24个月。"Saron继续补充，"失业保险金的发放标准为最低工资的70%至90%。"

Lynn拿出纸笔边计算边说："上海市现在的最低工资标准为1120元，以Mavis来说吧，工作三年，缴纳了3年的失业保险金，按照规定，缴费不满5年的按照最低工资标准的70%发放，也就是说1120×70%=784元。"

Iris笑着对Mavis道："恭喜你，失业后每月可以领784元呢。"

"晕……还不够我一个月吃喝的花费呢。"Mavis苦命地说，"那我可以领多久呢？可以一直领下去？"

"当然不是咯！"另外三人头疼道。

"累计缴费时间3年以上不满4年的，可以领取9个月失业保险金，也就是说，失业以后，你可以领到的工资是1120×9=10080元。喔，和你现在一个月的工资差不多哦！请问，你能保证在这10080元用完之前一定找得到工作么？不能吧。"Iris反问Mavis。

婚后女性找工作真难!

　　对于女人来说,年纪越大找工作越难,因为用人单位普遍认为年纪大的女性一般牵绊比较多,比如家庭和孩子,无法全身心投入到工作中去。没办法全身心地投入,就难以有发展。公司之所以要招聘,为的就是引进能与公司共同发展的人才,而不是浑浑噩噩度日子的大龄妇女。

after marriage

223

图书在版编目（CIP）数据

小女人淘金记 / 玛雅著. — 济南：山东美术出版社，2011.2
（魅力 OL 情景剧场）
ISBN 978-7-5330-3308-8

I. ①小… II. ①玛… III. ①女性－成功心理学－通俗读物 IV. ①B848.4-49

中国版本图书馆 CIP 数据核字（2010）第 223762 号

项目统筹：张　芸
责任编辑：陆　莹
装帧设计：梁文婷
插　　画：福虎文化工作室
出版发行：山东美术出版社
　　　　　济南市胜利大街 39 号（邮编：250001）
　　　　　http://www.sdmspub.com
　　　　　E-mail:sdmscbs@163.com
　　　　　电话：(0531) 82098268　传真：(0531) 82066185
　　　　　山东美术出版社发行部
　　　　　济南市胜利大街 39 号（邮编：250001）
　　　　　电话：(0531) 86193019　传真：(0531) 86193028
制版印刷：山东临沂新华印刷物流集团有限责任公司
开　　本：143×195 毫米　32 开　7 印张
版　　次：2011 年 02 月第 1 版　2011 年 02 月第 1 次印刷
定　　价：32.00 元